KB263890

# 리락쿠마

## 캐릭터 손뜨개

주부와 생활사 편집    김은진 옮김

해든아침

카오루 언니의 집에서 살게 된
리락쿠마와 친구들.
일어나 움직이는 게
너무 귀찮아서
언제나 휴식 중!!

최근 발견된 손바닥만 한 크기의 작은 바다표범으로,
매우 붙임성 있는 성격이랍니다.
몸길이 약 12㎝, 체중 약 200g으로 종류도 다양하죠.

모노크로부는 흰색과 검은색 돼지.
멍 때리고 있지 않을 땐 꿀꿀~거리고 있는,
도무지 알 수 없는 둘. 어쨌든 둘은 오늘도 한가로워요.

# 리락쿠마

이 세상에 하나밖에 없는 오직 나만의 리락쿠마!
느긋하게 한코한코 촘촘히 떠보아요.

How to make 리락쿠마 P. 34~35

# 리락쿠마와
# 코리락쿠마, 키이로이토리

모두 모이면
그것만으로 즐거운 이야기가 시작된답니다.

가방에도 달 수 있는,
조그만 크기가 너무 귀여워요.

How to make  리락쿠마 P.34~35  코리락쿠마 P.36~37  키이로이토리 P.33

배 깔고 엎드린 리락쿠마 어때요?
살짝 놓아두기만 해도 귀여운 리락쿠마들이랍니다.

# 뒹굴뒹굴 리락쿠마와
# 코리락쿠마, 키이로이토리

한가로이 뒹굴거리는 리라쿠마의 매력 만점 포즈는
배 깔고 엎드린 자세.

# 토끼옷 입은 코리락쿠마와
# 아기 펭귄

코리락쿠마가 분홍 토끼로 변신!
제일 친한 아기 펭귄 손뜨개 인형도 만들어주세요.

갈아입을 토끼옷은 코리락쿠마에게
입히면서 짜 나가면 돼요.

# 스위트 리락쿠마

코리락쿠마와 키이로이토리가 귀여운 파티쉐로 변신!
완성된 과자로 달콤한 파티를 해요~.

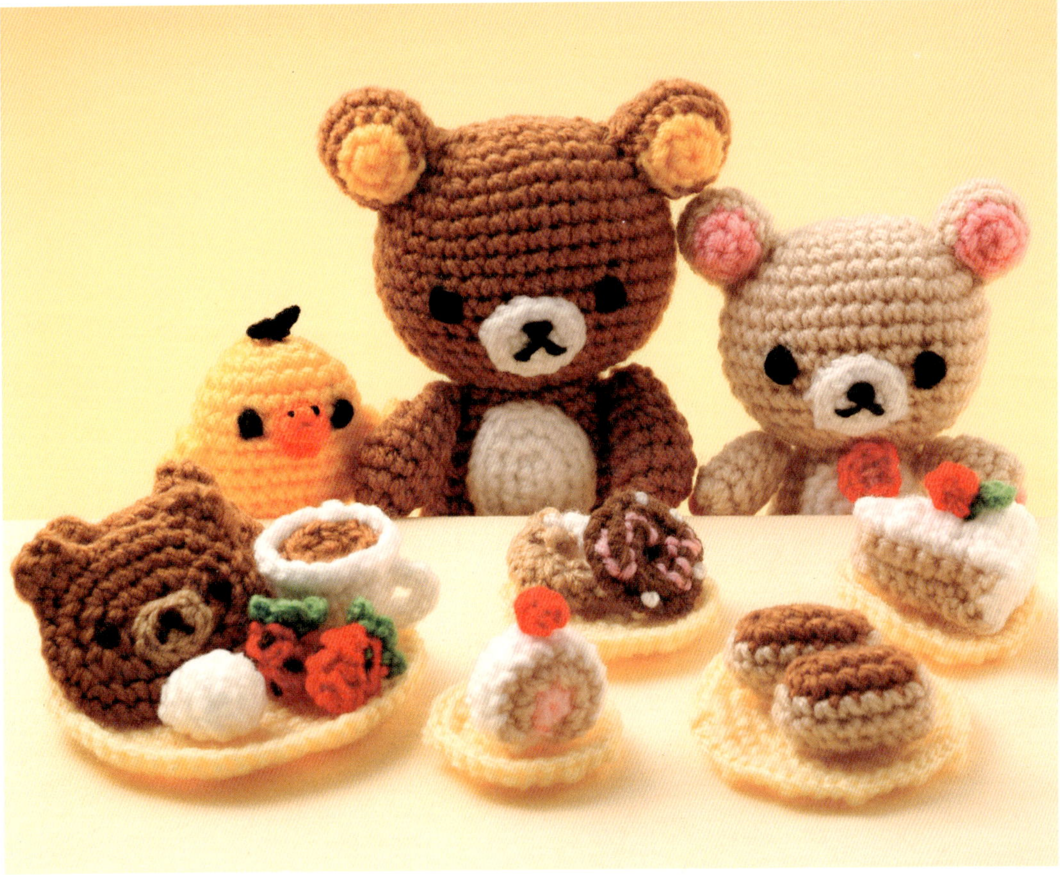

순식간에 뚝딱뚝딱 뜨는
조그맣고 달콤한 간식…
많이많이 만들어보아요.

How to make 파티쉐 코리락쿠마 P.42 파티쉐 키이로이토리 P.43 핫케이크 세트 P.40 롤케이크 P.33 에클레아 P.42
리락쿠마 P.34~35 코리락쿠마 P.36~37 조각 케이크 P.43 도너츠 P.35

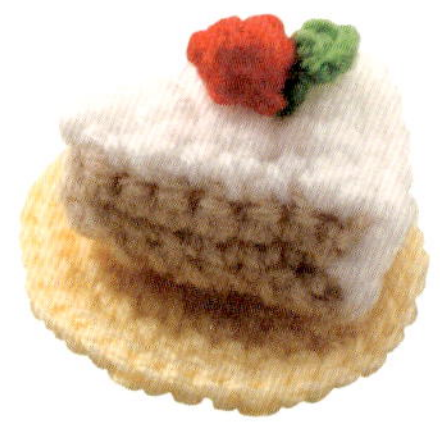

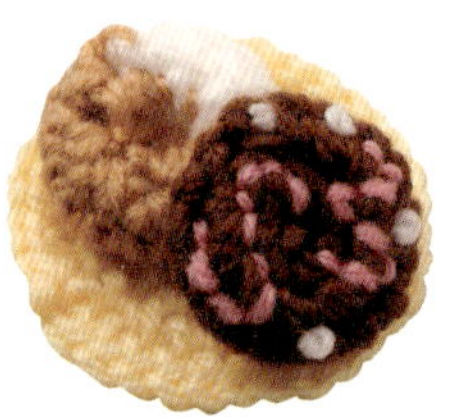

# 꽃과 리락쿠마

상큼한 연초록 풀밭 위에 한가로이 뒹구는 리락쿠마!
손에 든 커다란 꽃도 정말 귀여워요.

코리락쿠마도 키이로이토리도
예쁜 꽃이 함께합니다.

15

# 크리스마스 리락쿠마

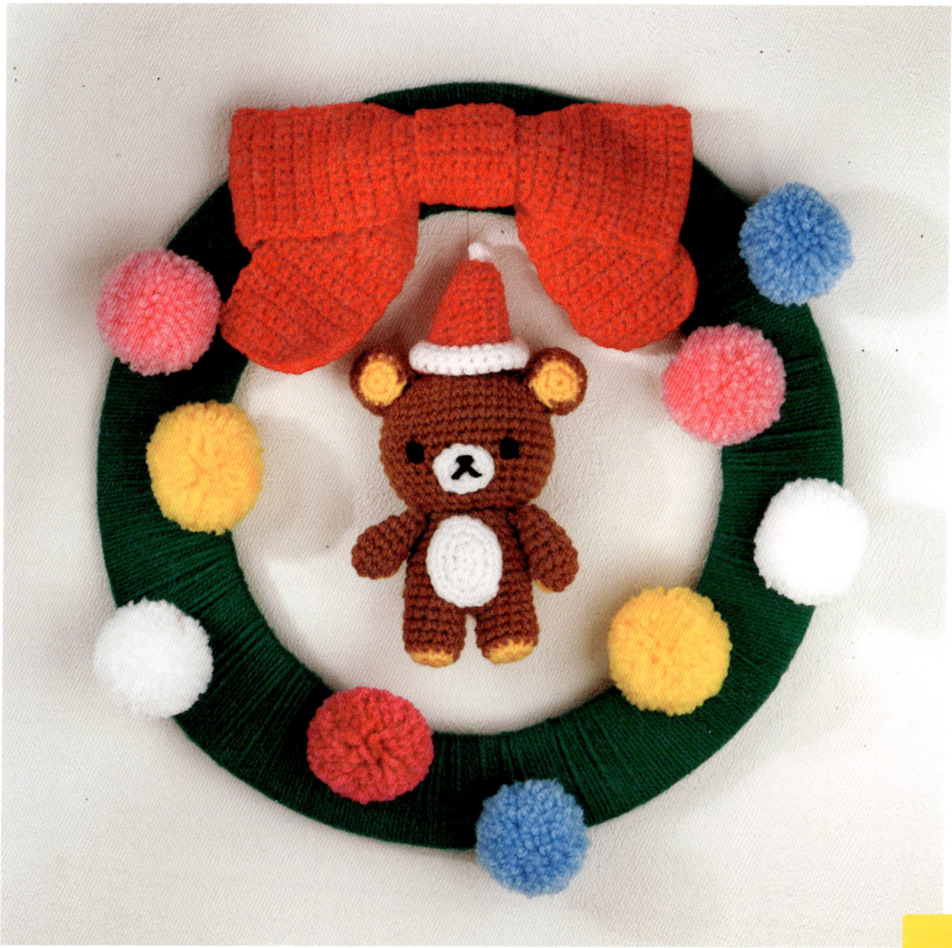

방울과 화환은 두꺼운 종이에 털실을 감아서 만들었어요.
화사하고 귀여운 화환을 장식해보아요.

How to make 리락쿠마 화환 P.47 크리스마스 리락쿠마 P.46 크리스마스 코리락쿠마 P.46 크리스마스 키이로이토리 P.47

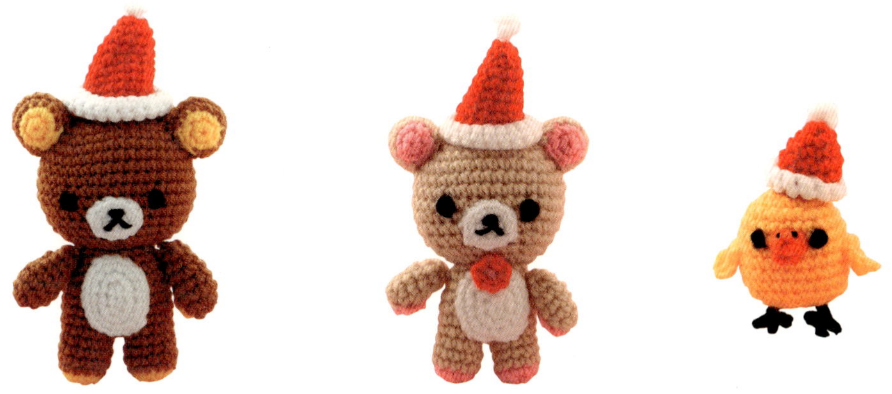

# 핸드폰고리 리락쿠마

앙증맞고 사랑스런 리락쿠마들에게 핸드폰고리를 달면
매일매일 함께할 수 있어요!

작지만 사랑스러움은
배가 되는 리락쿠마들!
작은 만큼 금방 떠서
친구한테도 선물해보아요!

How to make   핸드폰고리 리락쿠마 P.48
핸드폰고리 코리락쿠마 P.49
핸드폰고리 키이로이토리 P.48

# 마메고마

초롱초롱한 눈망울이 너무 예쁜 마메고마가 손바닥 위에 올라갔습니다.
귀여운 겉옷도 떠주세요!

마메고마는 앞에서부터,
겉옷은 뒤에서부터
뜨는 것이 포인트!!

How to make　마메고마 P.50 마메고마 토끼옷 P.51 마메고마 오리옷 P.52

# 모노크로부

꼬리는 딸랑♪
한번 매듭으로 뒷모습도
너무 귀엽답니다.

# 츠기노히 케로리

동그랗고 빵빵한 얼굴에 잎사귀를 머리에 얹고 오늘도 맑은 케로리!
귀여운 케로리를 변신 전, 변신 후로~.
단짝 토츄도 만들어보아요.

동글동글 귀여운 케로리를 위해
단단하게 떠보세요.
토츄의 손발도 촘촘하게!

서 있는 포즈? 아니면 뒹구는 포즈?
트레이드마크인 머리털은
접착제로 고정시켜 '?' 모양으로 멋지게 완성!

특징을 살려 마무리는 꼼꼼하게!
부리와 꼬리도 정성스럽게 떠보아요.

How to make   카모노하시카모(서 있는 포즈) P.56 카모노하시카모(뒹구는 포즈) P.57

양말을 너무 좋아하는 양말냥이랍니다.
어떤 각도로 봐도 귀여운 양말냥이에게 양말을 신겨주세요.

커다란 귀는 솜을 넣어 쫑긋 표현하는 것이 포인트.
달랑거리지 않도록 단단히 꿰매주세요.

까만 코 사이사이로 솜이 보이지 않도록
촘촘히 야무지게 떠주세요.

# 타래판다

흰색과 검은색의 대비가 귀여운 타래판다.
치비타래와 함께하면
사랑스러움이 세계를 평정할 거래요.

# 자아~ 만들어볼까요!

느긋하게 정성껏 한땀한땀 떠보아요

# P ⑥ 키이로이토리

재료 | 털실 노란색 10g, 검은색, 오렌지색 각각 적당량
솜 적당량, 5/0호 코바늘, 돗바늘
게이지 | 짧은뜨기(사방 10cm): 19코 19단

★ 만드는 법

**1** 각 부분을 떠서 솜을 넣는다.

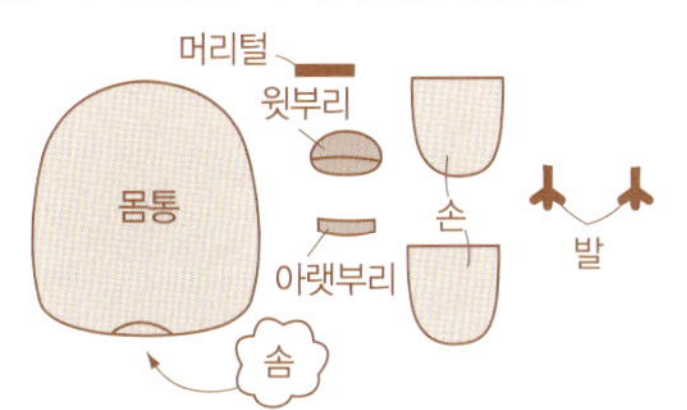


**2** 몸통에 손, 발, 머리털을 붙인다.

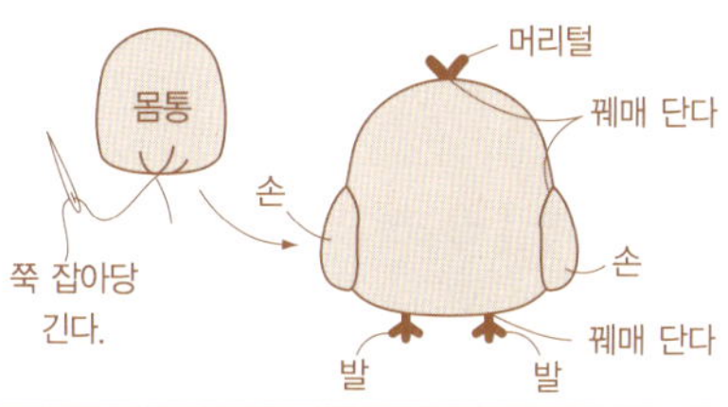


**3** 얼굴을 만들어 완성.

★ 뜨개 도안

**몸통**
노란색, 5/0호 코바늘

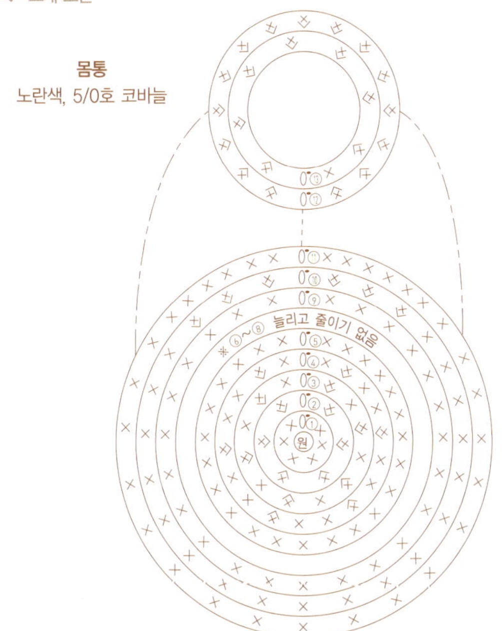


**윗부리** 오렌지색, 5/0호 코바늘

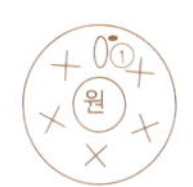


**아랫부리** 오렌지색, 5/0호 코바늘

**손** 노란색, 5/0호 코바늘

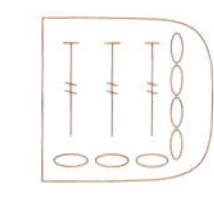

**머리털** 검은색, 5/0호 코바늘

| 몸통 | | |
| --- | --- | --- |
| 13 | −7 | → 8 |
| 12 | −15 | → 15 |
| 11 | ±0 | → 30 |
| 10 | +6 | → 30 |
| 5~9 | ±0 | → 24 |
| 4 | +6 | → 24 |
| 3 | +6 | → 18 |
| 2 | +6코 | → 12코 |
| 첫째단 | 원 안은 짧은뜨기 6코 | |

**발** 검은색, 5/0호 코바늘

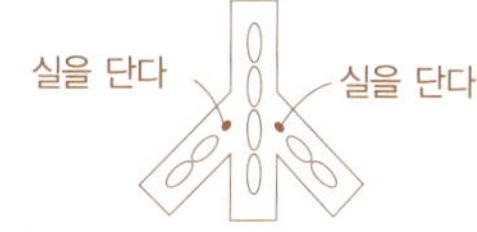


---

# P ⑬ 롤케이크

재료 | 털실 롤케이크: 흰색, 베이지색, 연분홍색, 빨간색 각각 적당량 / 접시: 크림색 적당량
솜 적당량, 5/0호 코바늘, 돗바늘
게이지 | 짧은뜨기(사방 10cm): 20코 20단

★ 만드는 법

**1** 롤케이크, 토핑, 접시를 만든다.

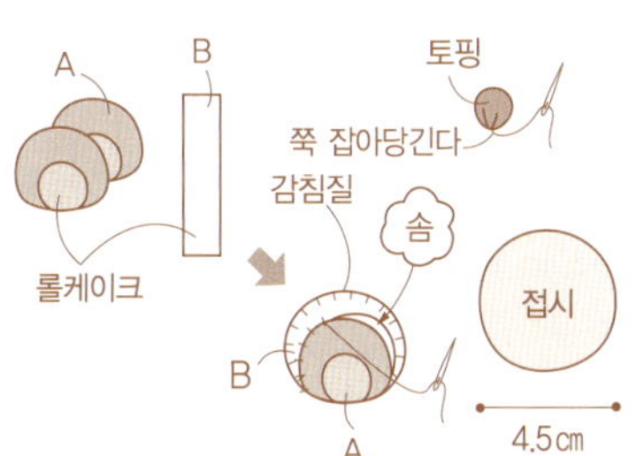


**2** 롤케이크에 토핑을 붙여 접시에 올리면 완성.

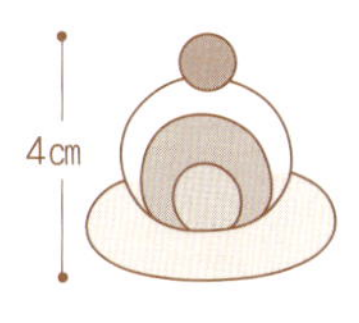


★ 뜨개 도안

접시 도안은 40쪽 참조

**롤케이크 A**
연분홍색, 베이지색, 5/0호 코바늘

□ 연분홍색
■ 베이지색

색 바꾸기

| 롤케이크 A | | |
| --- | --- | --- |
| 2 | +6코 | → 12코 |
| 첫째단 | 원 안은 짧은뜨기 6코 | |

**롤케이크 B** 흰색, 5/0호 코바늘

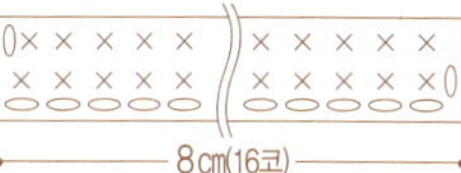


**토핑** 빨간색, 5/0호 코바늘

재료 | 털실 갈색 30g, 노란색, 흰색, 검은색, 진갈색 각각 적당량
솜 적당량, 5/0호 코바늘, 돗바늘
게이지 | 짧은뜨기(사방 10cm): 19코 19단

★ 만드는 법

**1 각 부분을 떠서 솜을 넣는다.**

**2 머리에 귀와 몸통을 단 뒤 손, 발, 꼬리를 붙인다.**

**3 코 주변, 배, 손바닥, 지퍼를 단다.**

**4 머리를 만들어 완성.**

★ 뜨개 도안

머리 갈색 5/0호 코바늘
리락쿠마는 15째 코까지 뜬다
뒹굴뒹굴 리락쿠마는 16째 코까지 뜬다

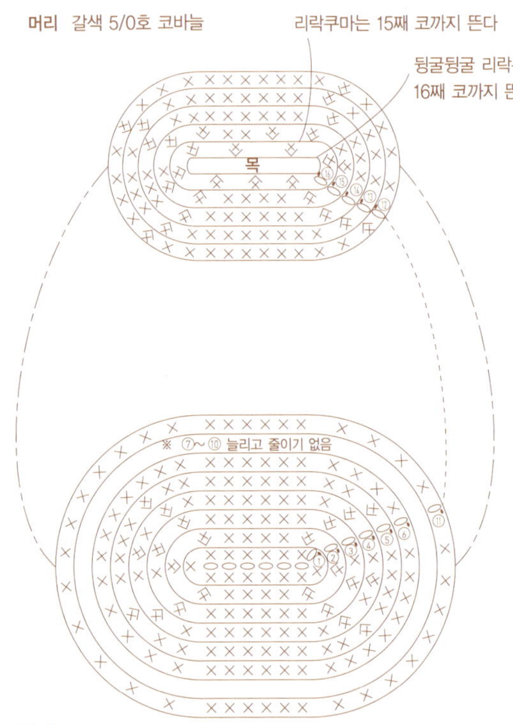


귀 갈색, 노란색, 5/0호 코바늘

□ 갈색   ▨ 노란색

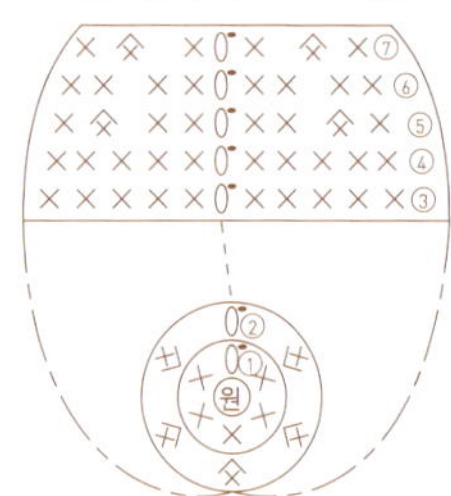


| 귀 | | |
|---|---|---|
| 7 | −2 | → 5 |
| 6 | −3 | → 7 |
| 5 | −2 | → 10 |
| 4 | ±0 | → 12 |
| 3 | +2−2 | → 12 |
| 2 | +6코 | → 12코 |
| 첫째단 | 원 안은 짧은뜨기 6코 | |

손 갈색, 5/0호 코바늘



| 머리 | | |
|---|---|---|
| 16 | −8 | → 8 |
| 15 | −8 | → 16 |
| 14 | −4 | → 24 |
| 13 | −4 | → 28 |
| 12 | −4 | → 32 |
| 6~11 | ±0 | → 36 |
| 5 | +4 | → 36 |
| 4 | +6 | → 32 |
| 3 | +6 | → 26 |
| 2 | +6 | → 20 |
| 첫째단 | +8코 | → 14코 |
| 시작코 | 사슬뜨기 6코 | |

→ 뒹굴뒹굴 리락쿠마만

| 손 | | |
|---|---|---|
| 7 | −2 | → 6 |
| 6 | ±0 | → 8 |
| 5 | −2 | → 8 |
| 3~4 | ±0 | → 10 |
| 2 | +5코 | → 10코 |
| 첫째단 | 원 안은 짧은뜨기 5코 | |

**몸통**  갈색, 노란색, 5/0호 코바늘

☐ 갈색   ■ 노란색

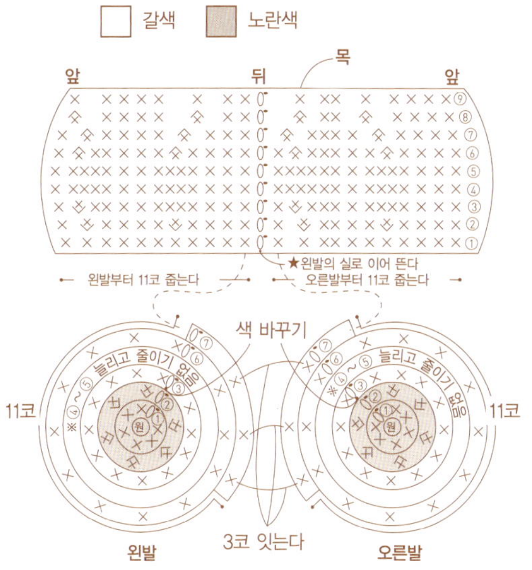

앞　　　뒤　　목　　앞

⑨ ⑧ ⑦ ⑥ ⑤ ④ ③ ② ①

★왼발의 실로 이어 뜬다

← 왼발부터 11코 줍는다　　오른발부터 11코 줍는다 →

색 바꾸기

늘리고 줄이기 없음

11코　　늘리고 줄이기 없음　　11코

왼발　　3코 잇는다　　오른발

※양 발을 7째단까지 뜨고 좌우를 3코 이어, 양 발의 6째단부터 9코, 7째단부터 단의 양 끝 2코(합계11코)를 각각 주워 몸통을 뜬다.

| 몸통 | | |
|---|---|---|
| 9 | ±0 | → 16 |
| 8 | −4 | → 16 |
| 7 | −4 | → 20 |
| 6 | −4 | → 24 |
| 4~5 | ±0 | → 28 |
| 3 | +2 | → 28 |
| 2 | +4 | → 26 |
| 첫째단 | ±0코 | → 22코 |
| | 양 발로부터 11코씩 줍는다 | |
| 발 | | |
| 7 | −9 | → 3 |
| 3~6 | ±0 | → 12 |
| 2 | +6코 | → 12코 |
| 첫째단 | 원 안은 짧은뜨기 6코 | |

**꼬리**  갈색, 5/0호 코바늘

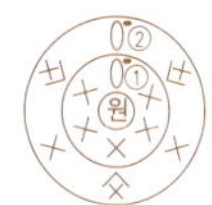

| 꼬리 | | |
|---|---|---|
| 2 | +3코 | → 8코 |
| 첫째단 | 원 안은 짧은뜨기 5코 | |

**손바닥**  노란색, 5/0호 코바늘

**코 주변**  흰색, 5/0호 코바늘

| 코 주변 | | |
|---|---|---|
| 2 | +6 | → 12 |
| 첫째단 | +4코 | → 6코 |
| 시작코 | 사슬뜨기 2코 | |

**배**  흰색, 5/0호 코바늘

| 배 | | |
|---|---|---|
| 3 | +8 | → 22 |
| 2 | +6 | → 14 |
| 첫째단 | +5코 | → 8코 |
| 시작코 | 사슬뜨기 3코 | |

**지퍼**  진갈색, 5/0호 코바늘

---

**P 13　롤케이크**

재료  털실  도너츠: 진갈색, 흰색, 베이지색, 분홍색 각각 적당량 / 접시: 크림색 적당량 솜 적당량, 5/0호 코바늘, 돗바늘

게이지  짧은뜨기(사방 10cm): 20코 20단

★ 만드는 법 ────────

**1** 도너츠, 접시를 만든다.

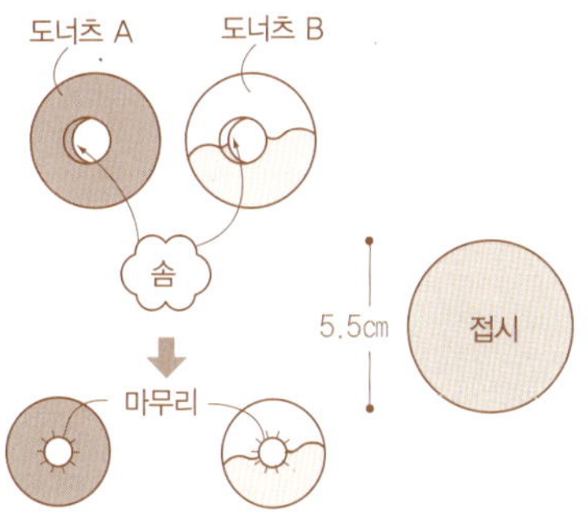


**2** 도너츠에 토핑을 붙이고 접시에 올려 완성.

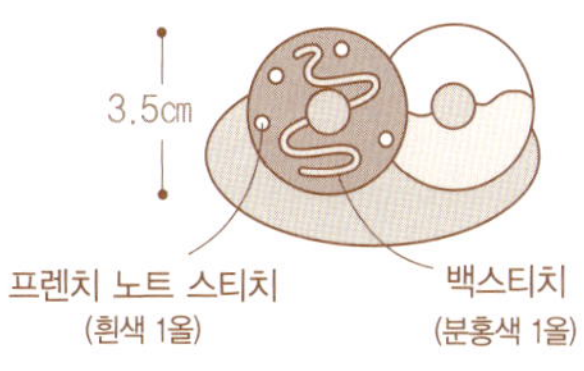


★ 뜨개 도안 ────────

접시 도안은 40쪽 참조

**도너츠 A**  진갈색, 5/0호 코바늘　　**도너츠 B**  흰색, 베이지색, 5/0호 코바늘

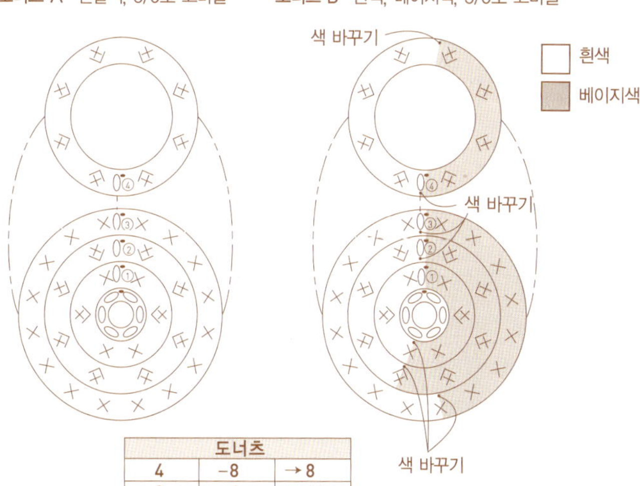


| 도너츠 | | |
|---|---|---|
| 4 | −8 | → 8 |
| 3 | ±0 | → 16 |
| 2 | +8 | → 16 |
| 첫째단 | +2코 | → 8코 |
| 시작코 | 사슬뜨기 6코 | |

재료  털실  베이지색 25g, 분홍색, 흰색, 빨간색, 검은색 각각 적당량
솜 적당량, 5/0호 코바늘, 돗바늘
게이지  짧은뜨기(사방 10cm) : 19코 19단

★ 만드는 법

**1** 각 부분을 떠서 솜을 넣는다.

**2** 머리에 귀와 몸통을 단 뒤 손, 발, 꼬리를 붙인다.

**3** 코 주변, 배, 손바닥, 단추를 단다.

**4** 머리를 만들어 완성.

★ 뜨개 도안

머리  베이지색, 5/0호 코바늘

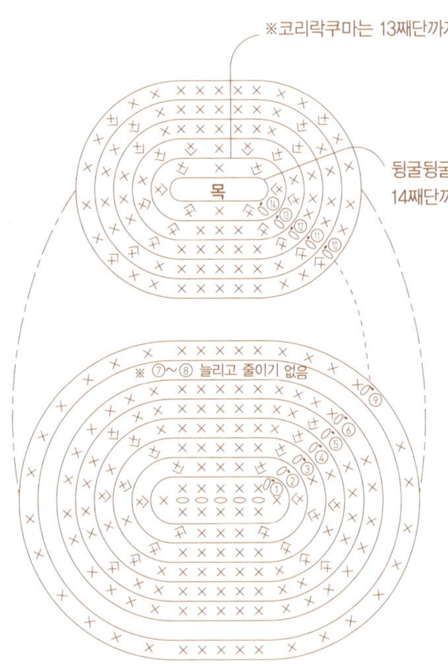


귀  베이지색, 분홍색, 5/0호 코바늘

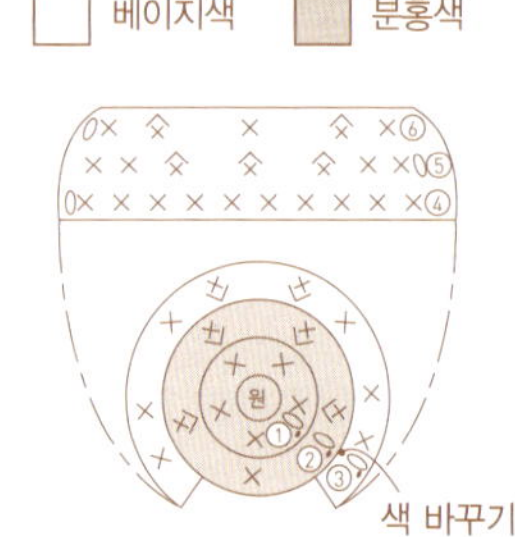


| 귀 | | |
|---|---|---|
| 6 | −2 | → 5 |
| 5 | −3 | → 7 |
| 4 | ±0 | → 10 |
| 3 | +2−1 | → 10 |
| 2 | +4코 | → 9코 |
| 첫째단 | 원 안은 짧은뜨기 5코 | |

손바닥  분홍색, 5/0호 코바늘

손  베이지색, 5/0호 코바늘

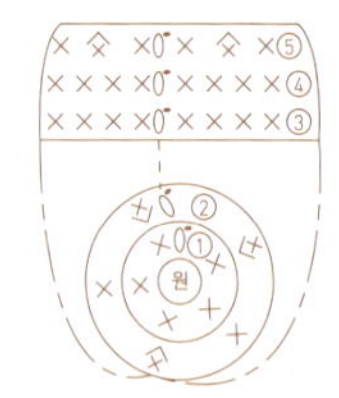


| 머리 | | |
|---|---|---|
| 14 | −6 | → 8 |
| 13 | −8 | → 14 |
| 12 | −4 | → 22 |
| 11 | −4 | → 26 |
| 10 | −4 | → 30 |
| 6~9 | ±0 | → 34 |
| 5 | +4 | → 34 |
| 4 | +6 | → 30 |
| 3 | +6 | → 24 |
| 2 | +6 | → 18 |
| 첫째단 | +7코 | → 12코 |
| 시작코 | 사슬뜨기 5코 | |

14 → 뒹굴뒹굴 코리락쿠마만

| 손 | | |
|---|---|---|
| 5 | −2 | → 6 |
| 3·4 | ±0 | → 8 |
| 2 | +3코 | → 8코 |
| 첫째단 | 원 안은 짧은뜨기 5코 | |

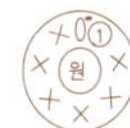

**몸통** 베이지색, 분홍색, 5/0호 코바늘

※양 발을 6째단까지 뜨고 좌우를 3코 이어, 양 발의 5째단부터 7코, 6째단부터 단의 양 끝 2코(합계9코)를 각각 주워 몸통을 뜬다.

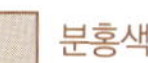

□ 베이지색 ■ 분홍색

앞
뒤
목
앞
★ 왼발의 실로 이어 뜬다
왼발부터 9코 줍는다
오른발부터 9코 줍는다
★ 몸통의 실로 이어 뜬다
색 바꾸기
색 바꾸기
9코
9코
왼발
3코 잇는다
오른발

| 몸통 | | |
|---|---|---|
| 7 | ±0 | → 14 |
| 6 | −4 | → 14 |
| 5 | −4 | → 18 |
| 4 | −2 | → 22 |
| 3 | +2 | → 24 |
| 2 | +4 | → 22 |
| 첫째단 | ±0코 | → 18코 |
| | 양 발로부터 9코씩 줍는다 | |

| 발 | | |
|---|---|---|
| 6 | −7 | → 3 |
| 3~5 | ±0 | → 10 |
| 2 | +5코 | → 10코 |
| 첫째단 | 원 안은 짧은뜨기 5코 | |

**단추** 빨간색, 5/0호 코바늘

**꼬리** 베이지색, 5/0호 코바늘

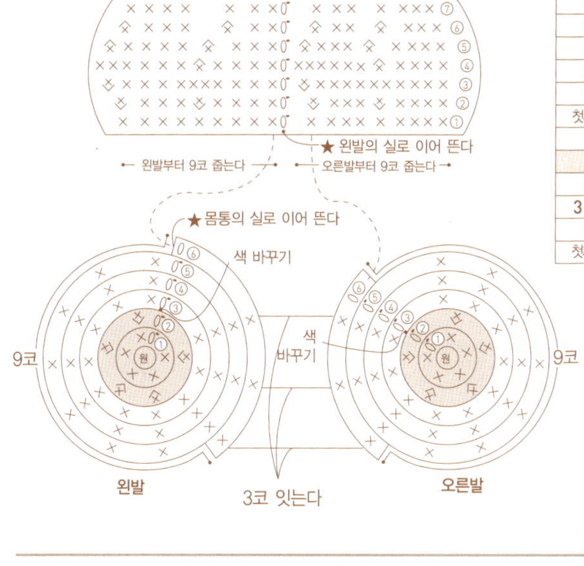

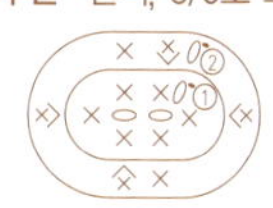

| 꼬리 | | |
|---|---|---|
| 2 | +2코 | → 7코 |
| 첫째단 | 원 안은 짧은뜨기 5코 | |

**코 주변** 흰색, 5/0호 코바늘

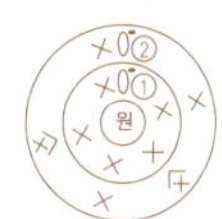

| 코 주변 | | |
|---|---|---|
| 2 | +4 | → 10 |
| 첫째단 | +4코 | → 6코 |
| 시작코 | 사슬뜨기 2코 | |

**배** 흰색, 5/0호 코바늘

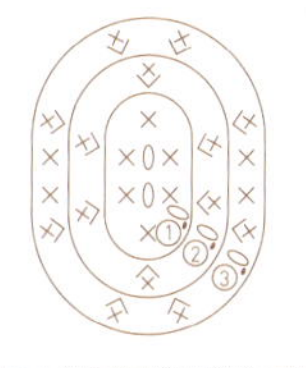

| 배 | | |
|---|---|---|
| 3 | +8 | → 20 |
| 2 | +6 | → 12 |
| 첫째단 | +4코 | → 6코 |
| 시작코 | 사슬뜨기 2코 | |

## P 10 아기 펭귄 손뜨개 인형

재료 **털실** 검은색, 흰색, 오렌지색, 노란색 각각 적당량
**솜 적당량, 5/0호 코바늘, 돗바늘**

게이지 짧은뜨기(사방 10㎝): 19코 19단

### 만드는 법

**1** 각 부분을 떠서 솜을 넣는다.

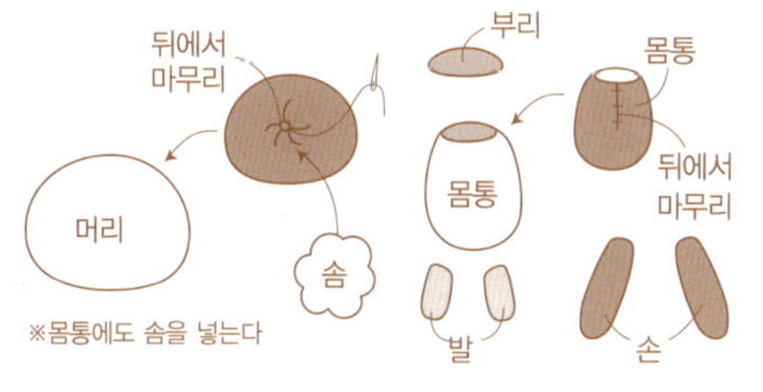

뒤에서
마무리
부리
몸통
머리
솜
몸통
뒤에서
마무리
※몸통에도 솜을 넣는다
발
손

**2** 머리, 몸통을 단 뒤 손, 발을 붙인다.

쭉 잡아당긴다.
머리
이어 붙인다
몸통
손
손
발

**3** 얼굴을 만들어 완성.

새틴스티치
(검은색 1올)
7㎝
부리
꿰매 단다

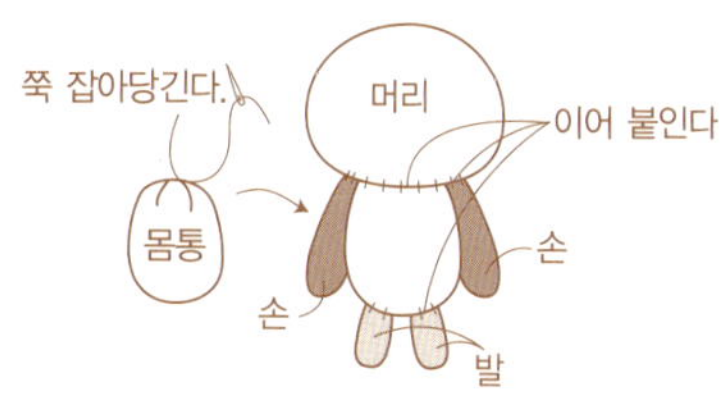

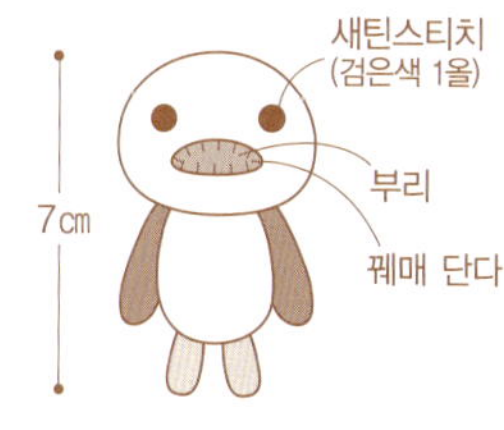

### 뜨개 도안

**머리** 흰색, 검은색, 5/0호 코바늘

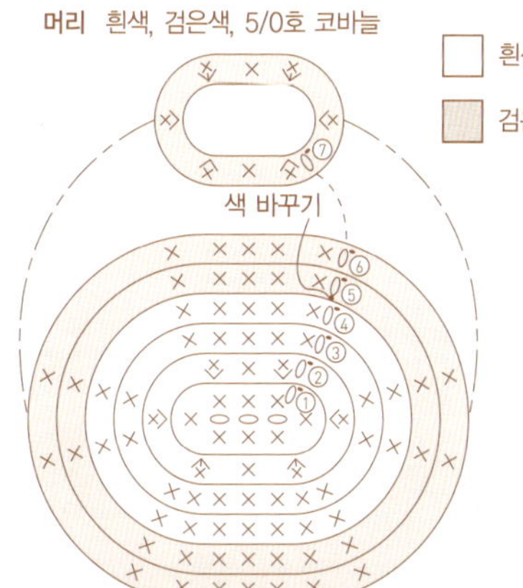

□ 흰색 ■ 검은색

색 바꾸기

**부리** 오렌지색, 5/0호 코바늘

**손** 검은색, 5/0호 코바늘

| 머리 | | |
|---|---|---|
| 7 | −8 | → 8 |
| 3~6 | ±0 | → 16 |
| 2 | +8 | → 16 |
| 첫째단 | +5코 | → 8코 |
| 시작코 | 사슬뜨기 3코 | |

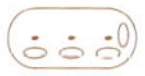

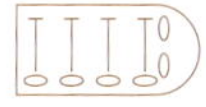

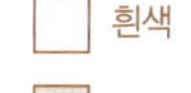

**몸통** 흰색, 검은색, 5/0호 코바늘

색 바꾸기

□ 흰색 ■ 검은색

**발** 노란색, 5/0호 코바늘

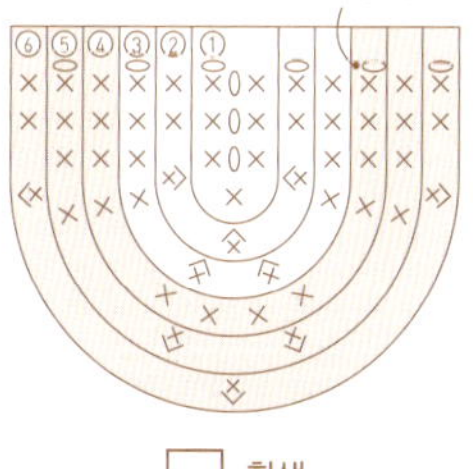

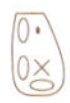

| 몸통 | | |
|---|---|---|
| 6 | −3 | → 7 |
| 5 | −2 | → 10 |
| 4 | ±0 | → 12 |
| 3 | +2 | → 12 |
| 2 | +3 | → 10 |
| 첫째단 | +4코 | → 7코 |
| 시작코 | 사슬뜨기 3코 | |

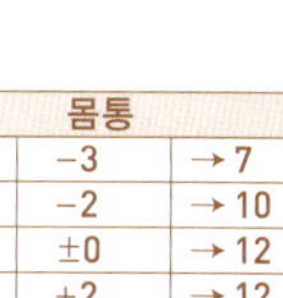

**재료** 털실 갈색 30g, 노란색, 흰색, 검은색, 진갈색 각각 적당량
솜 적당량, 5/0호 코바늘, 돗바늘
**게이지** 짧은뜨기(사방 10cm): 19코 19단

★ 만드는 법

**1** 각 부분을 떠서 솜을 넣는다.

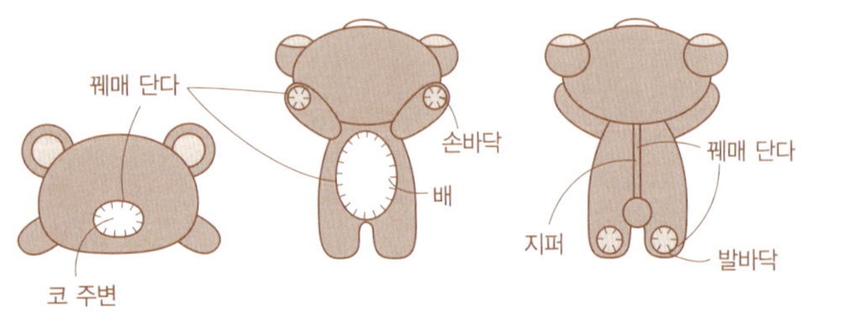

※귀, 머리, 손, 꼬리에도 솜을 넣는다

**2** 머리에 귀와 몸통을 단 뒤 손, 꼬리를 붙인다.

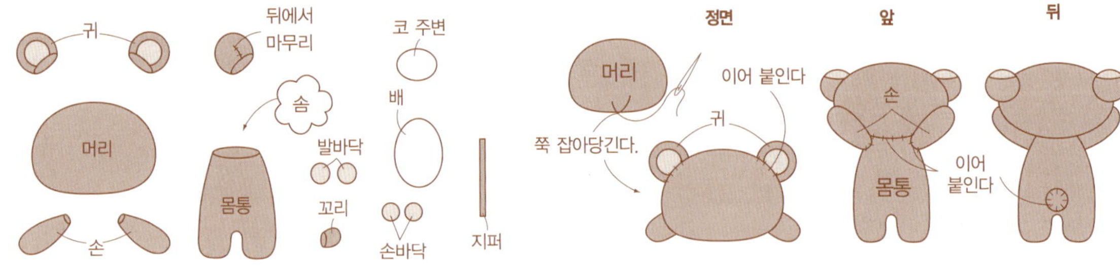

**3** 코 주변, 배, 손바닥, 발바닥, 지퍼를 단다.

**4** 얼굴을 만들어 완성.

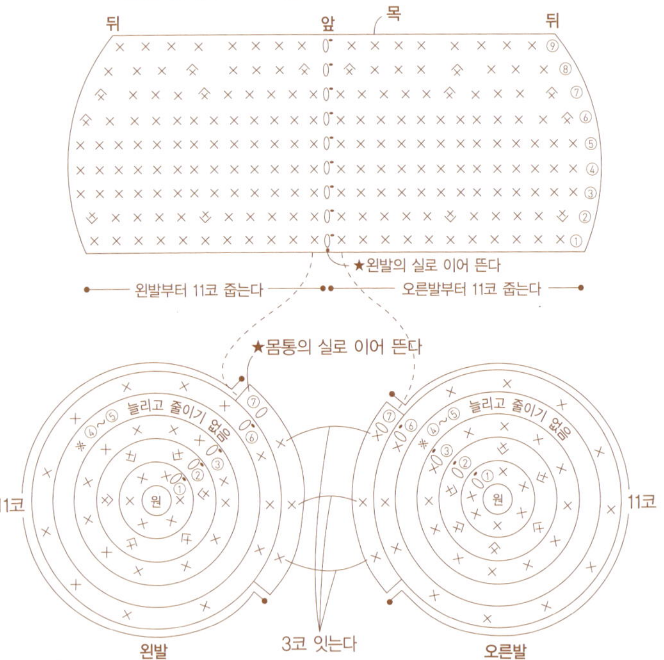

★ 뜨개 도안

몸통과 발바닥을 제외한 도안은 34~35쪽 참조

**몸통** 갈색, 5/0호 코바늘

★왼발의 실로 이어 뜬다

◀── 왼발부터 11코 줍는다 ──▶  ◀── 오른발부터 11코 줍는다 ──▶

★몸통의 실로 이어 뜬다

11코   11코

왼발   3코 잇는다   오른발

**발바닥** 노란색, 5/0호 코바늘

※양 발을 7째단까지 떠서 좌우를 3코 이어,
양 발의 6째단로부터 9코, 7째단로부터 단의
양 끝 2코(합계 11코)를 각각 주워 몸통을 뜬다.

| 몸통 | | |
|---|---|---|
| 9 | ±0 | → 16 |
| 8 | −4 | → 16 |
| 7 | −4 | → 20 |
| 6 | −2 | → 24 |
| 3~5 | ±0 | → 26 |
| 2 | +4 | → 26 |
| 첫째단 | ±0 | → 22코 |
| | 양 발로부터 1코씩 줍는다 | |
| 발 | | |
| 7 | −9 | → 3 |
| 3~6 | ±0 | → 12 |
| 2 | +6코 | → 12코 |
| 첫째단 | 원 안은 짧은뜨기 6코 | |

**재료** 털실 베이지색 25g, 분홍색, 흰색, 빨간색, 검은색 각각 적당량
솜 적당량, 5/0호 코바늘, 돗바늘
**게이지** 짧은뜨기(사방 10㎝) : 19코 19단

★ 만드는 법

**1** 각 부분을 떠서 솜을 넣는다.

※귀, 머리, 손, 꼬리에도 솜을 넣는다

**2** 머리에 귀와 몸통을 단 뒤 손, 꼬리를 붙인다.

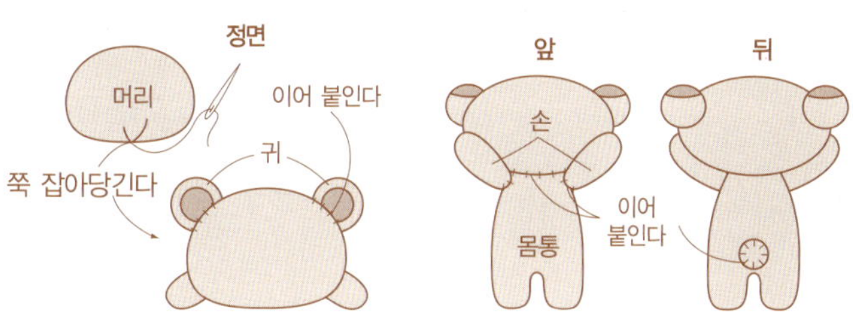


**3** 코 주변, 배, 손바닥, 발바닥, 단추를 단다.

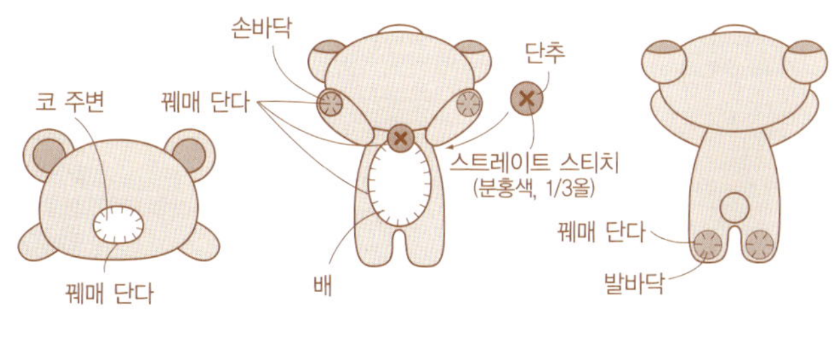


**4** 얼굴을 만들어 완성.

★ 뜨개 도안

몸통과 발바닥을 제외한 도안은 36~37쪽 참조

**몸통** 베이지색, 5/0호 코바늘

**발바닥** 분홍색, 5/0호 코바늘

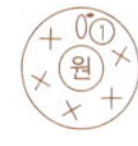


※ 양 발을 5째단까지 떠서 좌우를 3코 이어,
양 발의 5째단부터 7코, 6째단부터 단의
양 끝 2코(합계 9코)를 각각 주워 몸통을 뜬다.

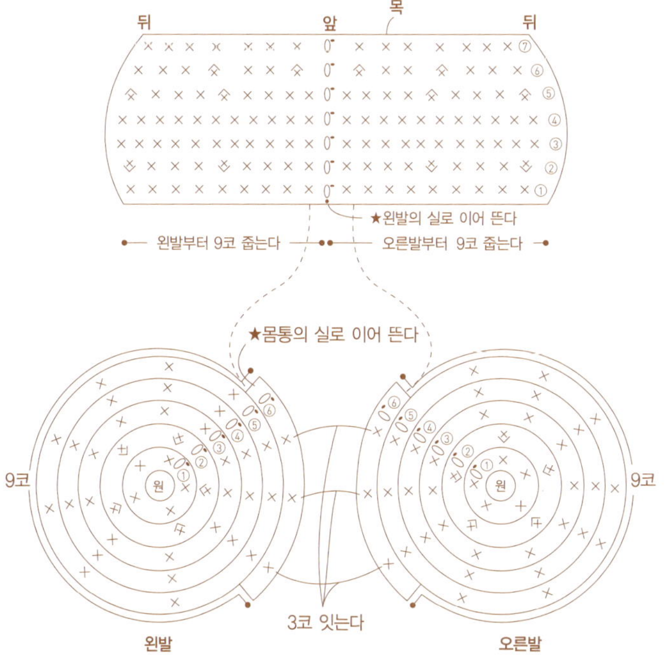


| 몸통 | | |
|---|---|---|
| 7 | ±0 | → 14 |
| 6 | −4 | → 14 |
| 5 | −4 | → 18 |
| 3 · 4 | ±0 | → 22 |
| 2 | +4 | → 22 |
| 첫째단 | ±0코 | → 18코 |
| 양 발로부터 9코씩 줄인다 | | |
| 발 | | |
| 6 | −7 | 3 |
| 3~5 | ±0 | → 10 |
| 2 | +5코 | → 10코 |
| 첫째단 | 원 안은 짧은뜨기 5코 | |

# 토끼옷 입은 코리락쿠마

재료 털실 토끼옷: 분홍색 40g / 코리라구마: 36쪽 참조
솜 적당량, 5/0호 코바늘, 돗바늘
게이지 짧은뜨기(사방 10cm): 20코 20단

★ 만드는 법

**1** 코리락쿠마를 만든다. **2** 토끼옷을 만든다. **3** 코리락쿠마에 토끼옷을 입혀 완성.

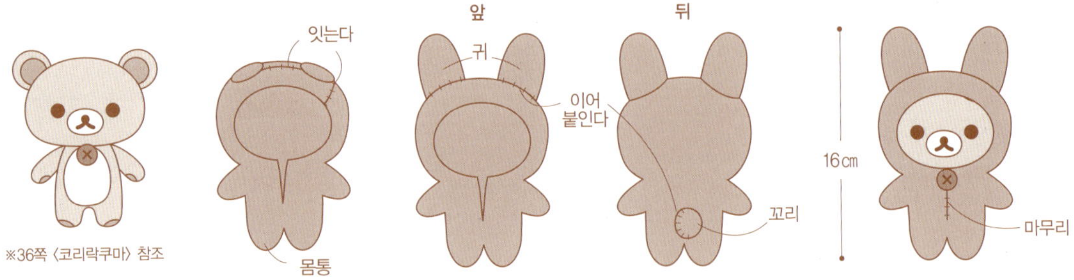


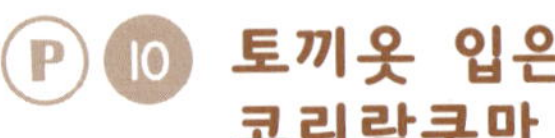


---

# P 13 핫케이크 세트

재료 털실 핫케이크: 갈색 15g, 진갈색, 베이지색 각각 적당량
티컵: 흰색, 갈색 각각 적당량 / 딸기: 빨간색, 초록색, 진갈색 각각 적당량
크림: 흰색 적당량 / 접시: 크림색10g
솜 적당량, 5/0호 코바늘, 돗바늘
게이지 짧은뜨기(사방 10cm): 20코 20단

★ 만드는 법

**1** 핫케이크, 딸기, 티컵, 크림, 접시를 만든다.　　　　**2** 접시에 올려 완성.

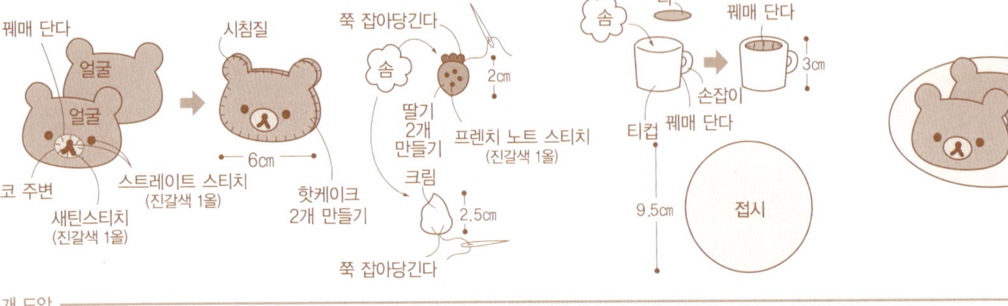


★ 뜨개 도안

티컵 도안은 52쪽, 딸기, 크림은 53쪽 참조

**핫케이크의 얼굴** 갈색, 5/0호 코바늘

**접시** 크림색, 5/0호 코바늘

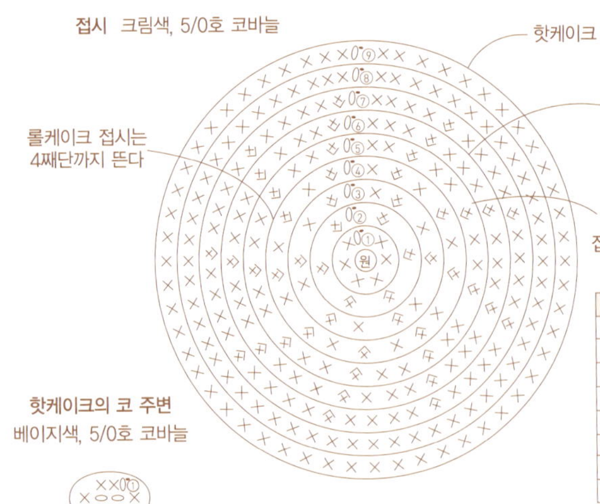


**핫케이크의 코 주변** 베이지색, 5/0호 코바늘

| 귀 | | |
|---|---|---|
| 2 | −1 | → 2 |
| 첫째단 | ±0코 | → 3코 |
| | 얼굴부터 3코 줍는다 | |
| **얼굴** | | |
| 4 | +6 | → 28 |
| 3 | +6 | → 22 |
| 2 | +6 | → 16 |
| 첫째단 | +6코 | → 10코 |
| 시작코 | 사슬뜨기 4코 | |

| 접시 | | |
|---|---|---|
| 8 · 9 | ±0 | → 54 |
| 7 | +9 | → 54 |
| 6 | +9 | → 45 |
| 5 | +9 | → 36 |
| 4 | +9 | → 27 |
| 3 | +6 | → 18 |
| 2 | +6코 | → 12코 |
| 첫째단 | 원 안은 짧은뜨기 6코 | |

코리락쿠마 도안은 36~37쪽 참조

**토끼옷의 몸통** 분홍색, 5/0호 코바늘

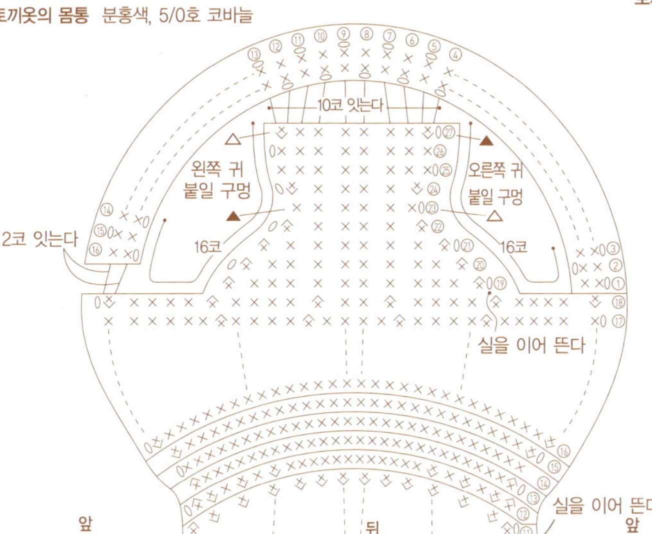


**토끼옷의 귀** 분홍색, 5/0호 코바늘

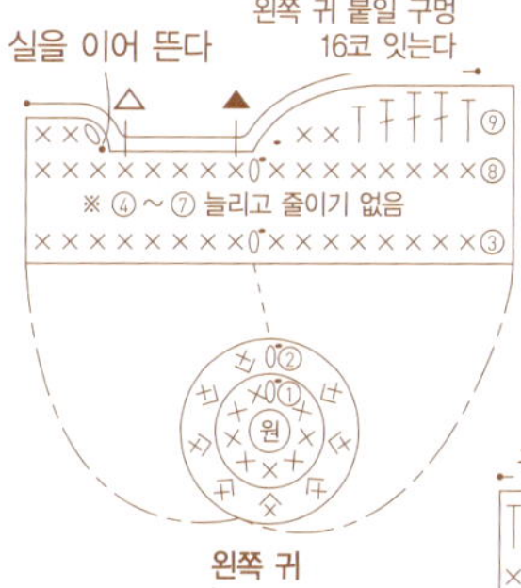


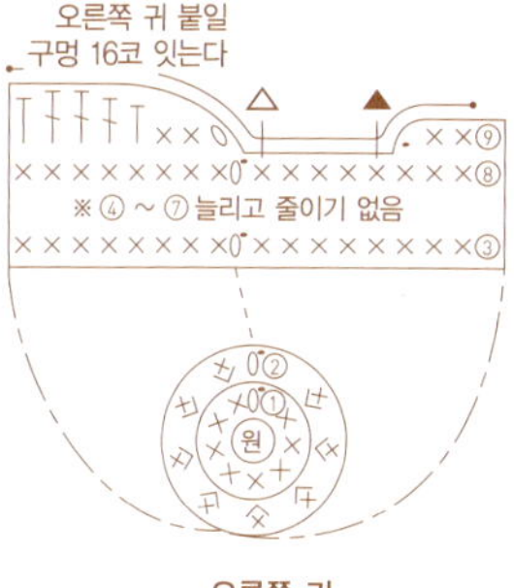


※ 양 귀를 9째단까지 떠서 귀
의 8째 단부터 5코, 9째단부
터 11코(합 16코)를 몸통의 귀
연결 구멍(16코)과 연결한다.

| 토끼옷의 귀 | | |
|---|---|---|
| 9 | −5 | → 11 |
| 3~8 | ±0 | → 16 |
| 2 | +8코 | → 16코 |
| 첫째단 | 원 안은 짧은뜨기 6코 | |

※ 양 발을 8째단까지 뜨고,
좌우를 5코 잇고, 양 발의
7째단부터 10코, 8째단부터
단의 양 끝 2코(합계 12코)를
각각 주워 몸통을 뜬다

| 토끼옷의 몸통 | | |
|---|---|---|
| 27 | +2 | → 10 |
| 25 · 26 | ±0 | → 8 |
| 24 | +2 | → 8 |
| 23 | ±0 | → 6 |
| 22 | −2 | → 6 |
| 21 | −2 | → 8 |
| 20 | −2 | → 10 |
| 19 | −14 | → 12 |
| 18 | +2−4 | ▸ 26 |
| 17 | −4 | → 28 |
| 16 | +2 | → 32 |
| 15 | +2 | → 30 |
| 14 | ±0 | → 28 |
| 13 | −2 | → 28 |
| 12 | +6−2 | → 30 |
| 11 | +12−10 | → 26 |
| 10 | −6 | → 24 |
| 9 | −6 | → 30 |
| 7 · 8 | ±0코 | → 36코 |
| | 손, 몸통으로부터 36코 줍는다 | |
| 6 | −2 | → 28 |
| 5 | +4−4 | → 30 |
| 4 | ±0 | → 30 |
| 3 | +4 | → 30 |
| 2 | +4−2 | → 26 |
| 첫째단 | ±0코 | → 24코 |
| | 양 발로부터 12코씩 줍는다 | |

| 토끼옷의 발 | | |
|---|---|---|
| 8 | −10 | → 5 |
| 4~7 | ±0 | → 15 |
| 3 | +3 | → 15 |
| 2 | +6코 | → 12코 |
| 첫째단 | 원 안은 짧은뜨기 6코 | |

**토끼옷의 손** 분홍색, 5/0호 코바늘

왼손

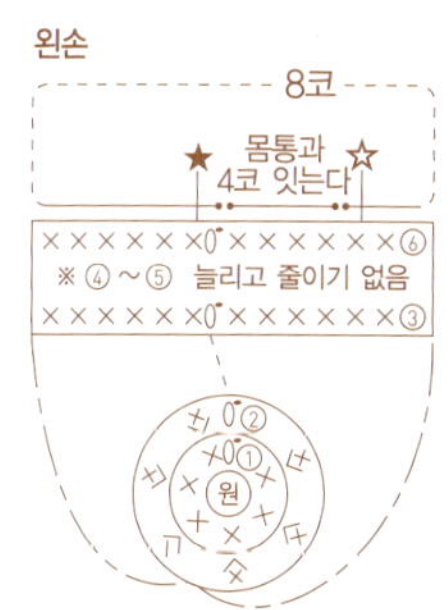


오른손

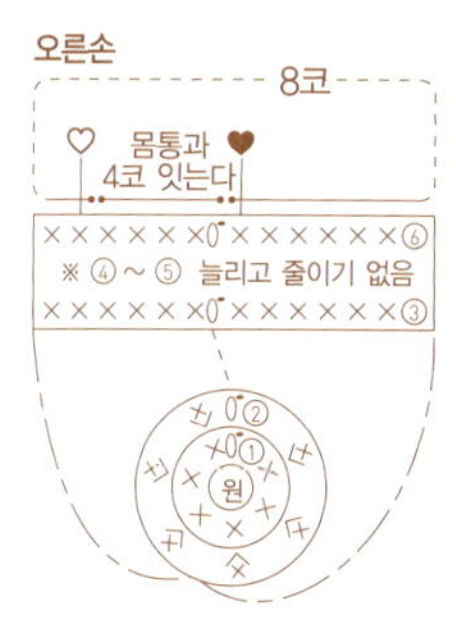


| 토끼옷의 손 | | |
|---|---|---|
| 3~6 | ±0 | → 12 |
| 2 | +6코 | → 12코 |
| 첫째단 | 원 안은 짧은뜨기 6코 | |

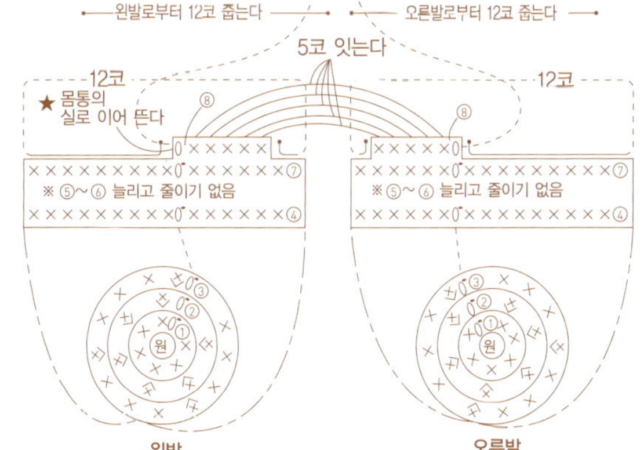


**토끼옷의 꼬리** 분홍색, 5/0호 코바늘

| 토끼옷의 꼬리 | | |
|---|---|---|
| 3 · 4 | ±0 | → 12 |
| 2 | +6코 | → 12코 |
| 첫째단 | 원 안은 짧은뜨기 6코 | |

## 파티쉐 코리락쿠마

재료  털실  코리락쿠마: 36쪽 참조 / 요리사 모자: 흰색 적당량 / 앞치마: 진분홍 적당량
솜 적당량, 5/0호 코바늘, 돗바늘
게이지  짧은뜨기(사방 10cm): 19코 19단

★ 만드는 법

**1** 코리락쿠마를 만든다.

**2** 요리사 모자, 앞치마를 만든다.

**3** 코리락쿠마에 요리사 모자를 붙이고, 앞치마를 입혀 완성.

※36쪽 〈코리락쿠마〉 참조

★ 뜨개 도안

코리락쿠마 도안은 36~37쪽 참조

요리사 모자
흰색, 5/0호 코바늘

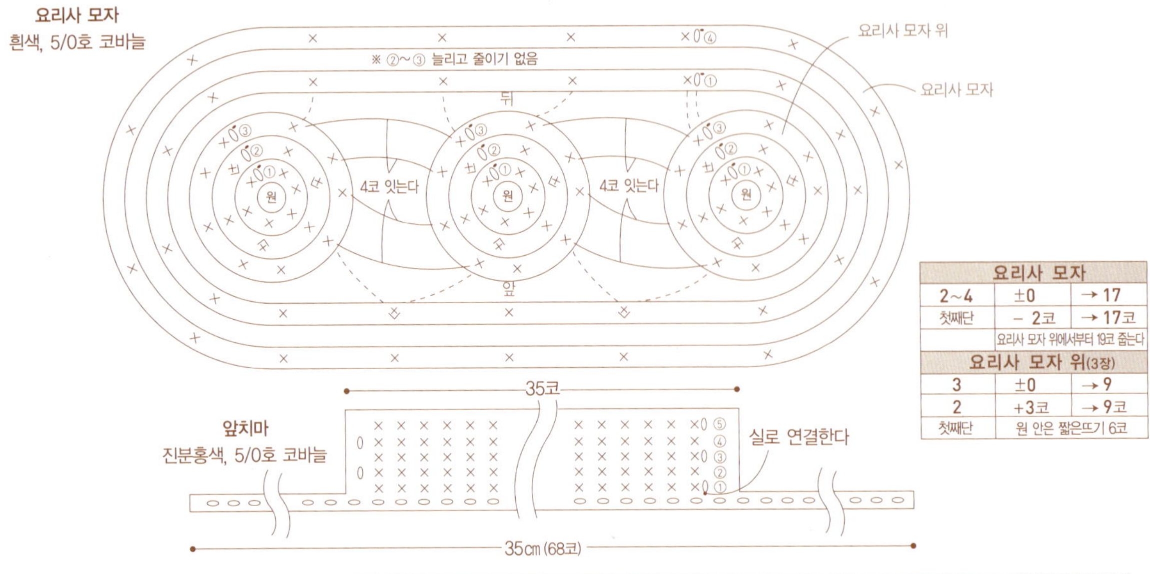


앞치마
진분홍색, 5/0호 코바늘

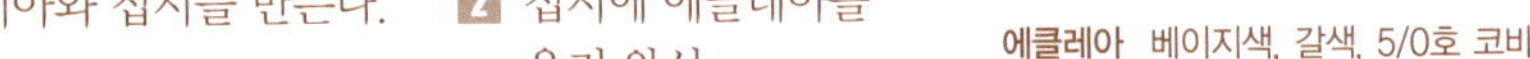


| 요리사 모자 | | |
|---|---|---|
| 2~4 | ±0 | → 17 |
| 첫째단 | − 2코 | → 17코 |
| | 요리사 모자 위에서부터 19코 줍는다 | |
| 요리사 모자 위 (3장) | | |
| 3 | ±0 | → 9 |
| 2 | +3코 | → 9코 |
| 첫째단 | 원 안은 짧은뜨기 6코 | |

---



## 에클레아

재료  털실  에클레아: 베이지색, 갈색 적당량 / 접시: 크림색 적당량
솜 적당량, 5/0호 코바늘, 돗바늘
게이지  짧은뜨기(사방 10cm): 20코 20단

★ 만드는 법

**1** 에클레아와 접시를 만든다.

**2** 접시에 에클레아를 올려 완성.

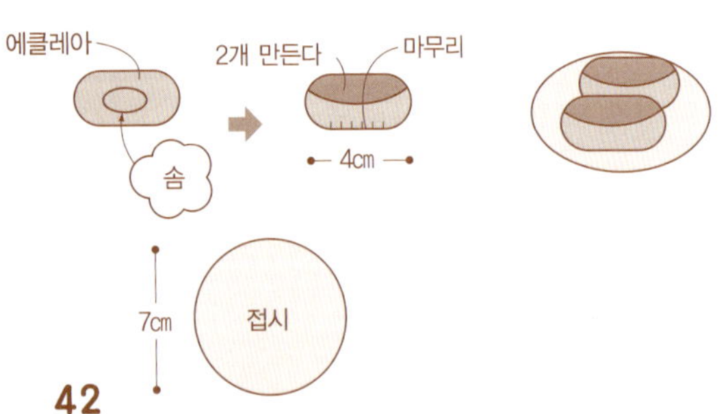


★ 뜨개 도안

접시 도안은 40쪽 참조

에클레아  베이지색, 갈색, 5/0호 코바늘

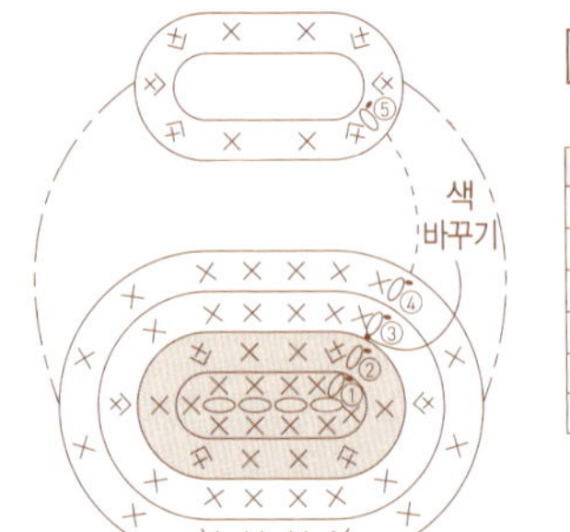


□ 베이지색   ▨ 갈색

| 에클레아 | | |
|---|---|---|
| 5 | −6 | → 10 |
| 4 | ±0 | → 16 |
| 3 | +2 | → 16 |
| 2 | +4 | → 14 |
| 첫째단 | +6코 | → 10코 |
| 시작코 | 사슬뜨기 4코 | |

## 파티쉐 키이로이토리

재료  털실  키이로이토리: 33쪽 참조 / 요리사 모자: 흰색 적당량 / 앞치마: 파란색 적당량
솜 적당량, 5/0호 코바늘, 돗바늘
게이지  짧은뜨기(사방 10㎝): 19코 19단

★ 만드는 법

**1** 키이로이토리를 만든다.

**2** 요리사 모자, 앞치마를 만든다.

**3** 키이로이토리에 요리사 모자를 붙이고, 앞치마를 입혀 완성.

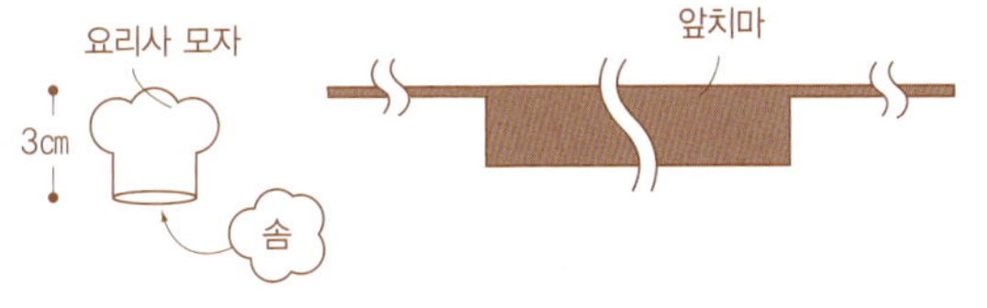


★ 뜨개 도안

키이로이토리 도안은 33쪽 참조

**요리사 모자**
흰색, 5/0호 코바늘



| 요리사 모자 | | |
|---|---|---|
| 3 | ±0 | → 14 |
| 2 | +4 | → 14 |
| 첫째단 | −4코 | → 10코 |
| | 요리사 모자 위에서부터 14코 줍는다 | |
| 요리사 모자 위 (3장) | | |
| 2 | ±0코 | → 6코 |
| 첫째단 | 원 안은 짧은 뜨기 6코 | |

**앞치마**
파란색, 5/0호 코바늘



---



## 조각 케이크

재료  털실  조각 케이크: 흰색, 베이지색, 빨간색, 초록색 각각 석당량 / 접시: 크림색 적당량
솜 적당량, 5/0호 코바늘, 돗바늘
게이지  짧은뜨기(사방 10㎝): 20코 20단

★ 만드는 법

**1** 조각 케이크, 토핑, 접시를 만든다.

**2** 조각 케이크에 토핑을 붙인 뒤 접시에 올려 완성.

★ 뜨개 도안

접시 도안은 40쪽 참조

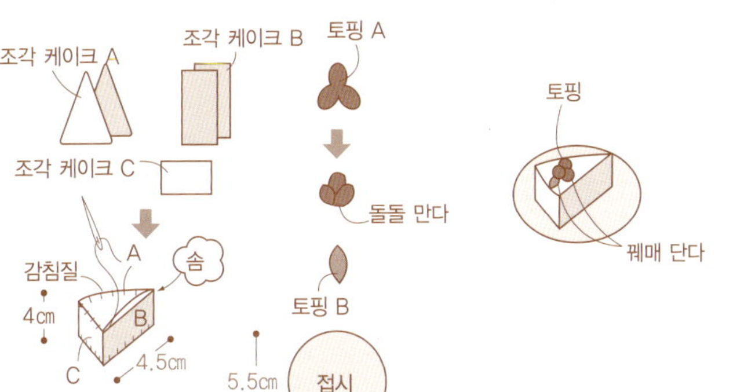


**조각 케이크 A**
흰색, 베이지색, 각각 1장
5/0호 코바늘

| 조각 케이크 A | | |
|---|---|---|
| 7 | −1 | → 1 |
| 6 | −2 | → 2 |
| 3~5 | ±0 | → 4 |
| 2 | −2 | → 4 |
| 첫째단 | ±0코 | → 6코 |
| 시작코 | 사슬뜨기 6코 | |

**조각 케이크 B**
베이지색, 5/0호 코바늘

**조각 케이크 C**
흰색, 5/0호 코바늘

**토핑 A**
빨간색,
5/0호 코바늘

**토핑 B**
초록색,
5/0호 코바늘

# ⒫ ⑭ 꽃과 리락쿠마

재료  털실  리락쿠마: 갈색 40g, 노란색, 흰색, 검은색 각각 적당량
꽃: 흰색, 노란색 각각 적당량
솜 적당량, 5/0호 코바늘, 돗바늘, 모루 3mm 연초록 1개
게이지  짧은뜨기(사방 10cm): 19코 19단

★ 만드는 법

**1** 각 부분을 떠서 솜을 넣는다.

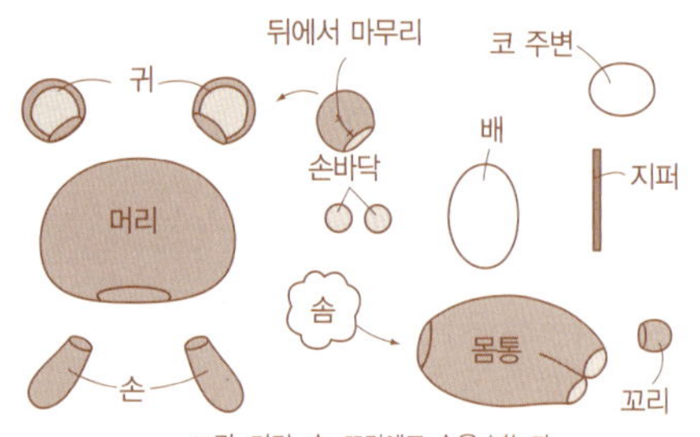


**2** 머리에 몸통을 단 뒤 손, 꼬리를 이어 붙인다.

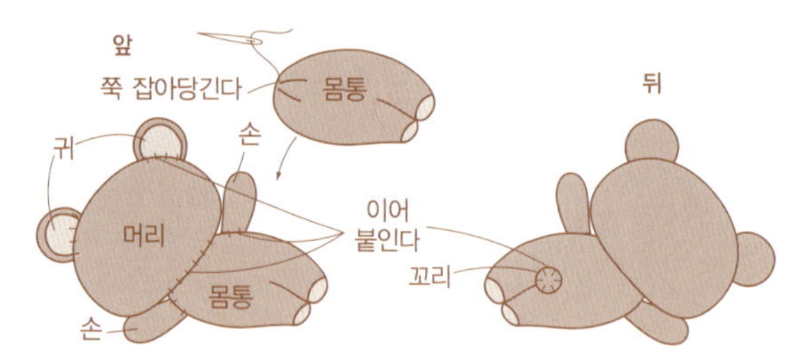


**3** 코 주변, 배, 손바닥, 지퍼를 단다.

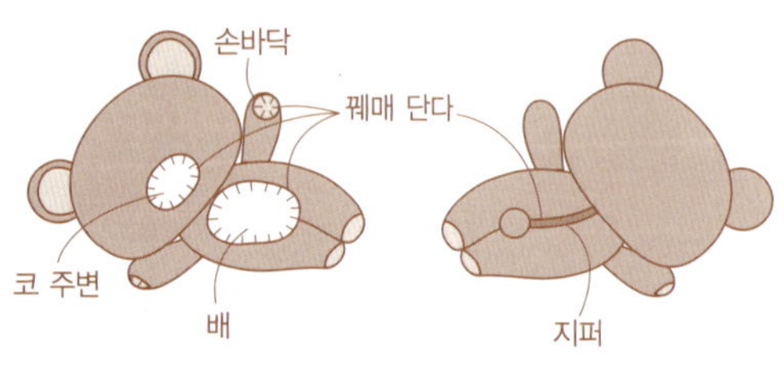


**4** 꽃을 만든다.

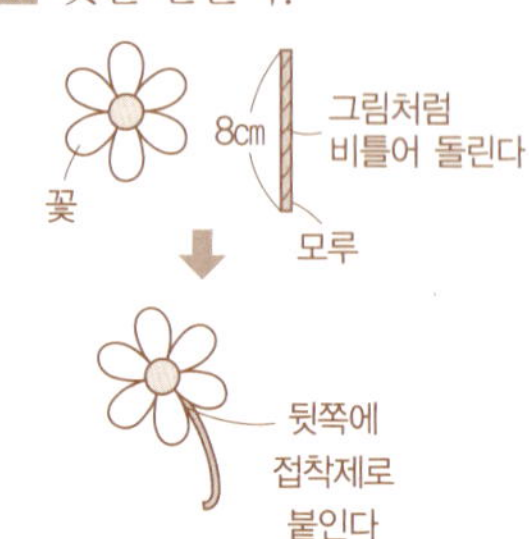


**5** 얼굴을 만들고 꽃을 달아 완성.

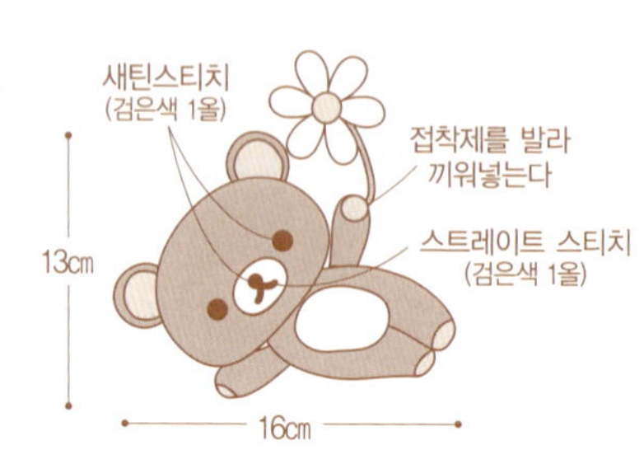


★ 뜨개 도안

몸통 외에는 34~35쪽 참조

**몸통** 갈색, 노란색, 5/0호 코바늘    ☐ 갈색    ▨ 노란색

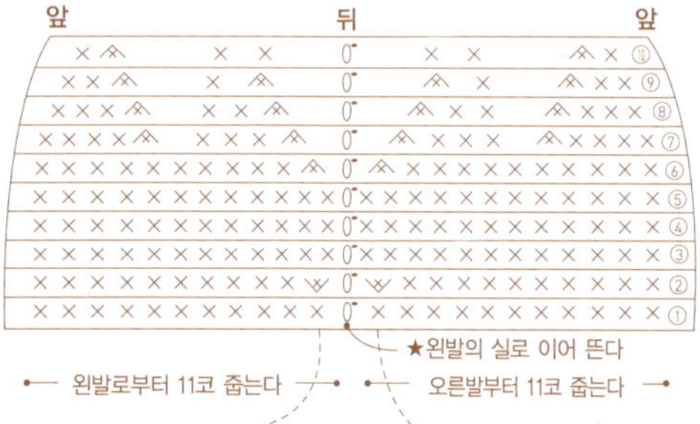

앞    뒤    앞

★왼발의 실로 이어 뜬다
◀— 왼발로부터 11코 줍는다    ◀— 오른발부터 11코 줍는다
★몸통의 실로 이어 뜬다
색 바꾸기
11코    11코
3코 잇는다
왼발    오른발

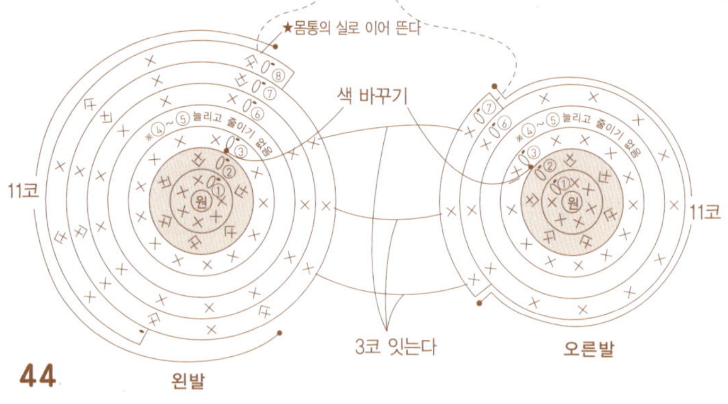

**꽃** 흰색, 노란색, 5/0호 코바늘    ☐ 흰색    ▨ 노란색
색 바꾸기
원

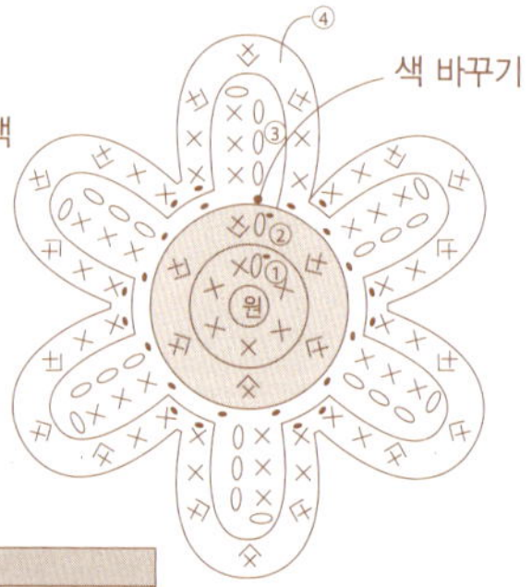

※오른발은 7째단, 왼발은 8째단까지 떠서 좌우를 3코 잇고, 오른발은 6째단부터 9코, 7째단부터 단의 양 끝 2코(합계 11코), 왼발은 7째단부터 4코, 8째단부터 7코(합계11코)를 주워 몸통을 뜬다.

| 몸통 | | |
|---|---|---|
| 10 | −2 | → 8 |
| 9 | −4 | → 10 |
| 8 | −4 | → 14 |
| 7 | −4 | → 18 |
| 6 | −2 | → 22 |
| 3~5 | ±0 | → 24 |
| 2 | +2 | → 24 |
| 첫째단 | ±0코 | → 22코 |
| | 양 발로부터 11코씩 줍는다 | |

| 발 | | |
|---|---|---|
| 8 | −10 | →7  → 왼발만 |
| 7 | +5 | →1(왼발)  −9코 → 3코(오른발) |
| 3~6 | ±0 | →12 |
| 2 | +6코 | →12코 |
| 첫째단 | 원 안은 짧은뜨기 6코 | |

재료　털실 흰색 20g, 검은색 10g
솜 적당량, 5/0호 코바늘, 돗바늘
게이지　짧은뜨기(사방 10cm) : 20코 20단

## ★ 만드는 법

**1** 각 부분을 떠서 솜을 넣는다.

**2** 머리에 귀, 몸통을 단 뒤 손, 발, 꼬리를 연결한다.

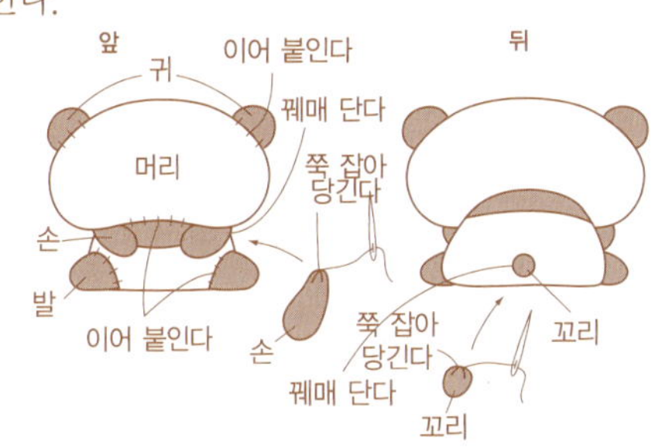


**3** 얼굴을 만들어 완성.

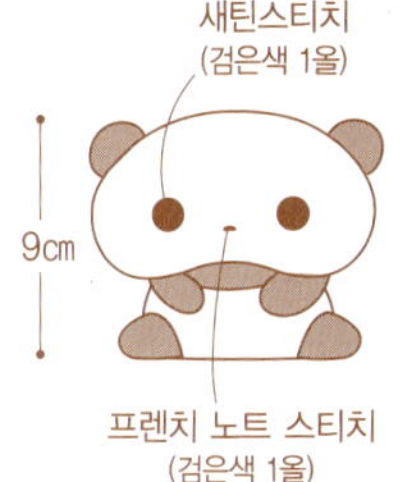


## ★ 뜨개 도안

**머리**
흰색, 5/0호 코바늘

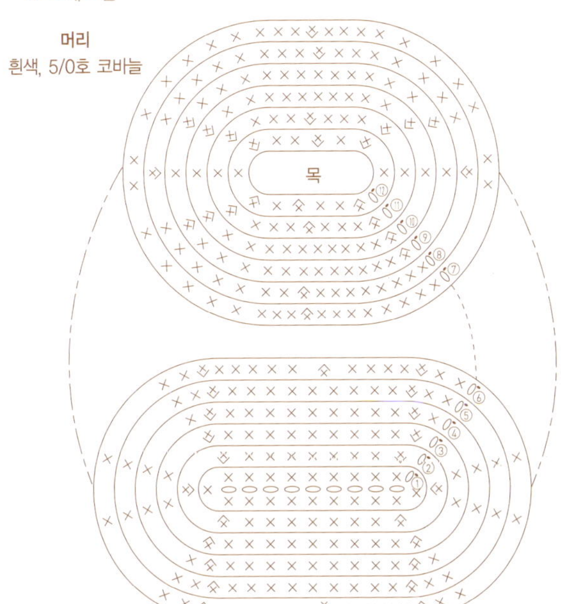


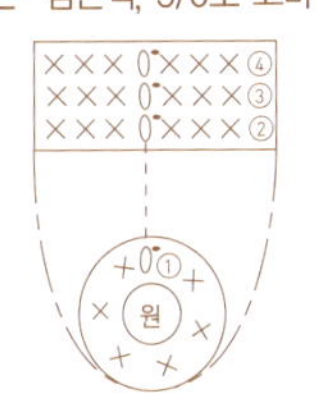

**몸통** 흰색, 검은색, 5/0호 코바늘

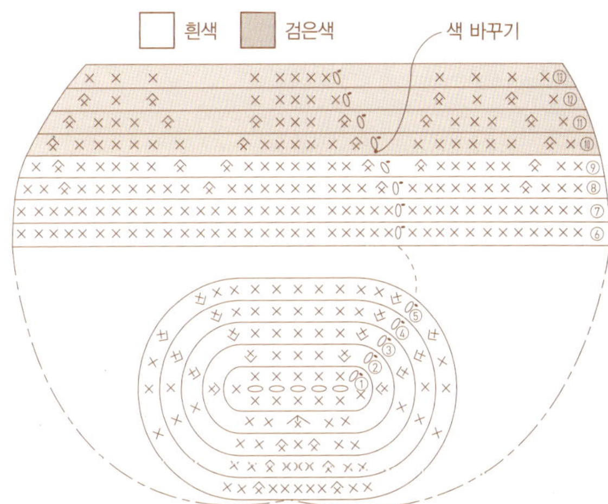


**귀** 검은색, 5/0호 코바늘

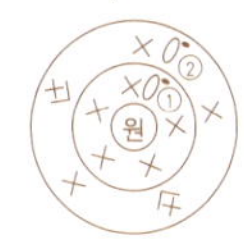

| 귀 | | |
|---|---|---|
| 2 | +2코 | → 7코 |
| 첫째단 | 원 안은 짧은뜨기 5코 | |

**손** 검은색, 5/0호 코바늘

**발** 검은색, 5/0호 코바늘

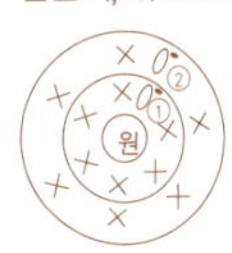

| 발 | | |
|---|---|---|
| 3 | ±0 | → 9 |
| 2 | +3코 | → 9코 |
| 첫째단 | 원 안은 짧은뜨기 6코 | |

**꼬리** 검은색, 5/0호 코바늘

| 머리 | | |
|---|---|---|
| 12 | −6 | → 14 |
| 11 | −6 | → 20 |
| 10 | −4 | → 26 |
| 9 | −4 | → 30 |
| 8 | −4 | → 34 |
| 7 | −2 | → 38 |
| 6 | +4−2 | → 40 |
| 5 | +4 | → 38 |
| 4 | +4 | → 34 |
| 3 | +4 | → 30 |
| 2 | +6 | → 26 |
| 첫째단 | +11코 | → 20코 |
| 시작코 | 사슬뜨기 9코 | |

| 몸통 | | |
|---|---|---|
| 13 | ±0 | → 12 |
| 12 | −4 | → 12 |
| 11 | −6 | → 16 |
| 10 | −4 | → 22 |
| 9 | −6 | → 26 |
| 8 | −4 | → 32 |
| 6 · 7 | ±0 | → 36 |
| 5 | +6 | → 36 |
| 4 | +6 | → 30 |
| 3 | +6 | → 24 |
| 2 | +6 | → 18 |
| 첫째단 | +7코 | → 12코 |
| 시작코 | 사슬뜨기 5코 | |

# P ⑯ 크리스마스 리락쿠마

재료 **털실** 리락쿠마: 34쪽 참조
산타 모자: 빨간색, 흰색 각각 적당량
**솜** 적당량, **5/0호 코바늘, 돗바늘**
게이지 짧은뜨기(사방 10cm): 19코 19단

## ★ 만드는 법

**1** 리락쿠마를 만든다.

※34쪽 〈리락쿠마〉 참조

**2** 산타 모자를 만든다.

**3** 리락쿠마에게 산타 모자를 씌워 완성.

## ★ 뜨개 도안

**산타 모자** 빨간색, 흰색, 5/0호 코바늘

☐ 흰색　▨ 빨간색

**방울**
흰색, 5/0호 코바늘

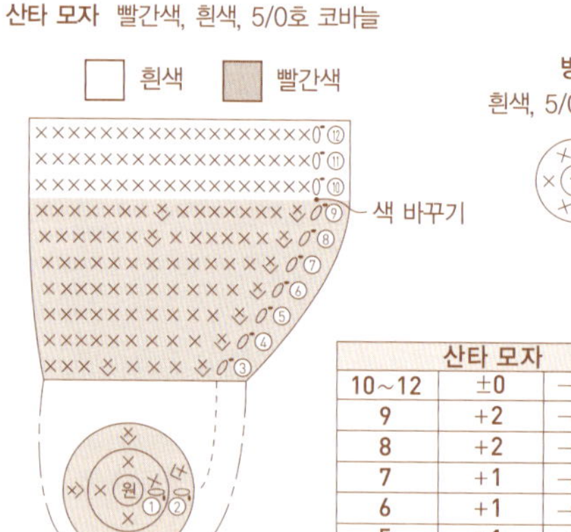


| 산타 모자 | | |
|---|---|---|
| 12~14 | ±0 | → 22 |
| 11 | +2 | → 22 |
| 10 | +2 | → 20 |
| 9 | +2 | → 18 |
| 8 | +2 | → 16 |
| 7 | +1 | → 14 |
| 6 | +1 | → 13 |
| 5 | +1 | → 12 |
| 4 | +1 | → 11 |
| 3 | +2 | → 10 |
| 2 | +4코 | → 8코 |
| 첫째단 | 원 안은 짧은뜨기 4코 | |

---

# P ⑯ 크리스마스 코리락쿠마

재료 **털실** 코리락쿠마: 베이지색 25g, 분홍색, 흰색, 빨간색, 검은색 각각 적당량
산타 모자: 빨간색, 흰색 각각 적당량
**솜** 적당량, **5/0호 코바늘, 돗바늘**
게이지 짧은뜨기(사방 10cm): 19코 19단

## ★ 만드는 법

**1** 코리락쿠마를 만든다.

※36쪽 〈코리락쿠마〉 참조

**2** 산타 모자를 만든다.

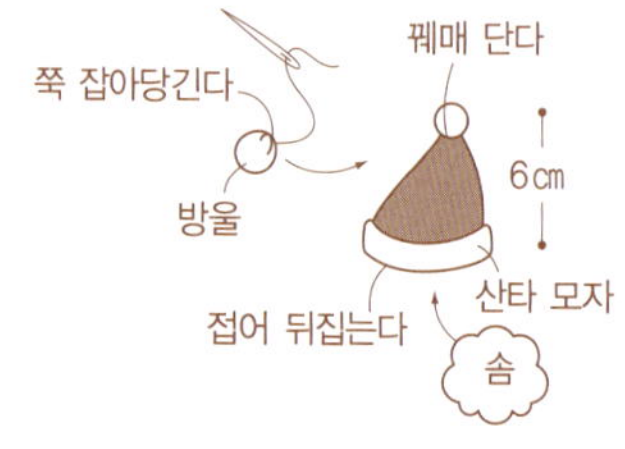


**3** 코라락쿠마에게 산타 모자를 씌워 완성.

## ★ 뜨개 도안

코리락쿠마 도안은 36~37쪽 참조

**산타 모자** 빨간색, 흰색, 5/0호 코바늘

☐ 흰색　▨ 빨간색

**방울**
흰색, 5/0호 코바늘



| 산타 모자 | | |
|---|---|---|
| 10~12 | ±0 | → 18 |
| 9 | +2 | → 18 |
| 8 | +2 | → 16 |
| 7 | +1 | → 14 |
| 6 | +1 | → 13 |
| 5 | +1 | → 12 |
| 4 | +1 | → 11 |
| 3 | +2 | → 10 |
| 2 | +4 | → 8코 |
| 첫째단 | 원 안은 짧은뜨기 4코 | |

# 리락쿠마 화환

**재료** 털실  리락쿠마: 46쪽 참조
화환: 빨간색 50g, 초록색 40g, 흰색, 노란색, 분홍색, 하늘색 각 15g, 진분홍색 10g
솜 적당량, 5/0호 코바늘, 돗바늘, 두꺼운 종이 80㎝×40㎝
**게이지** 짧은뜨기(사방 10㎝): 19코 19단

**✦ 만드는 법**

**1** 리락쿠마를 만든다.

※46쪽 〈크리스마스 리락쿠마〉 참조

**2** 화환을 만든다.

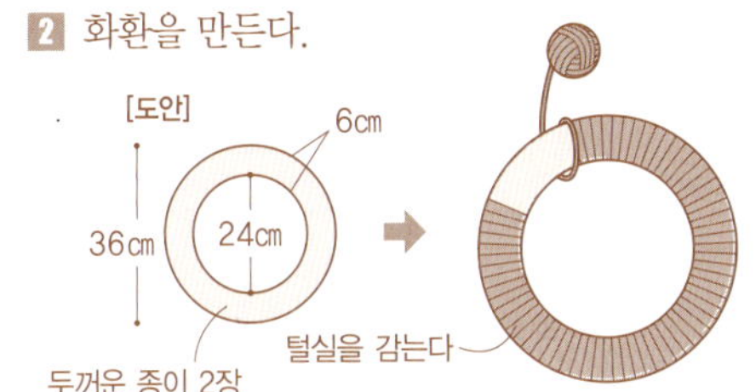

[도안]
6cm
36cm
24cm
두꺼운 종이 2장
털실을 감는다

**3** 리본을 만든다.

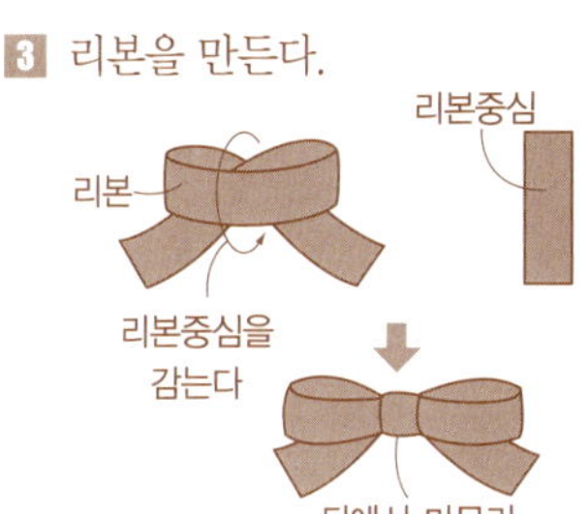

리본
리본중심
리본중심을 감는다
뒤에서 마무리

**4** 방울을 만든다.

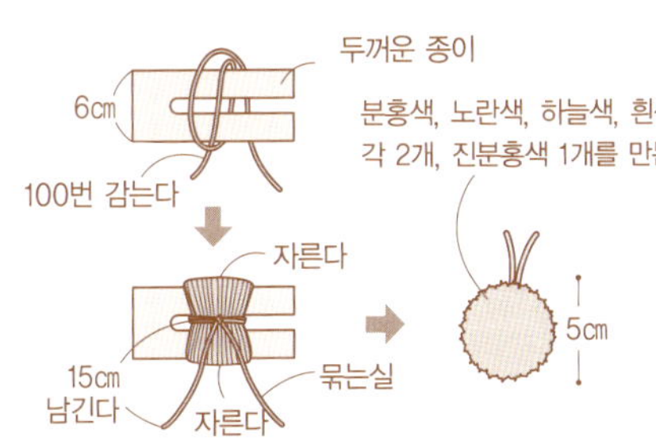

두꺼운 종이
6cm
100번 감는다
분홍색, 노란색, 하늘색, 흰색 각 2개, 진분홍색 1개를 만든다
자른다
15cm 남긴다
자른다
묶는실
5cm

**5** 화환에 리본, 방울, 리락쿠마를 달아 완성.

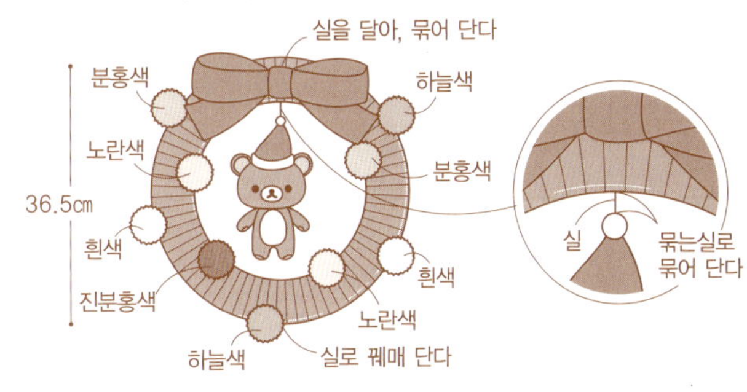

실을 달아, 묶어 단다
분홍색
하늘색
노란색
분홍색
36.5cm
흰색
흰색
진분홍색
노란색
하늘색
실로 꿰매 단다
실
묶는실로 묶어 단다

**✦ 뜨개 도안**

리본
빨간색, 5/0호코바늘

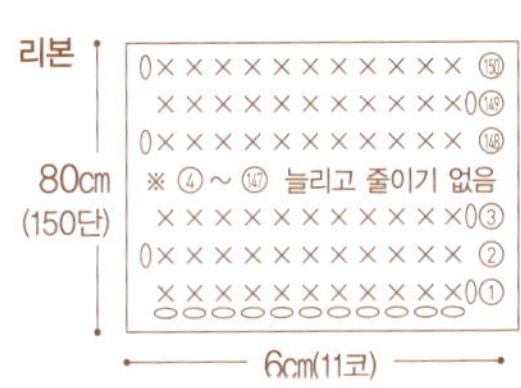

80cm (150단)
※ ④~⑭ 늘리고 줄이기 없음
6cm(11코)

리본 중심

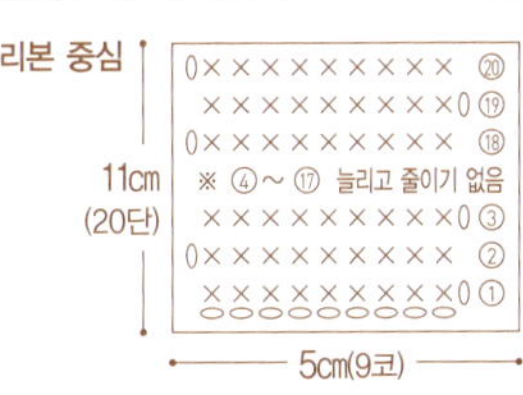

11cm (20단)
※ ④~⑰ 늘리고 줄이기 없음
5cm(9코)

리락쿠마 도안은 34~35쪽 참조
산타모자 도안은 46쪽 참조

---



# 크리스마스 키이로이토리

**재료** 털실  키이로이토리: 33쪽 참조
산타 모자: 빨간색, 흰색 각각 적당량
솜 적당량, 5/0호 코바늘, 돗바늘
**게이지** 짧은뜨기(사방 10㎝): 19코 19단

**✦ 만드는 법**

**✦ 뜨개 도안**

키이로이토리 도안은 33쪽 참조

**1** 키이로이토리를 만든다.

33쪽 〈키이로이토리〉 참조

**2** 산타 모자를 만든다.

꿰매 단다
쭉 잡아당긴다
4cm
방울
접어 뒤집는다
산타 모자
솜

**3** 키이로이토리에 산타 모자를 씌워 완성.

10cm
이어 붙인다

산타 모자  빨간색, 흰색, 5/0호 코바늘

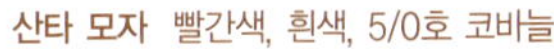

□ 흰색  ▨ 빨간색

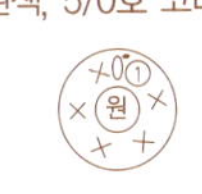

색 바꾸기

방울
흰색, 5/0호 코바늘

| 산타 모자 | | |
|---|---|---|
| 6 · 7 | ±0 | → 12 |
| 5 | +1 | → 12 |
| 4 | +1 | → 11 |
| 3 | +2 | → 10 |
| 2 | +4코 | → 8코 |
| 첫째단 | 원 안은 짧은뜨기 4코 | |

## P 18 핸드폰고리 리락쿠마

**재료** 털실 갈색 20g, 노란색, 흰색, 검은색 각각 적당량
솜 적당량, 4/0호 코바늘, 돗바늘, 핸드폰고리 부속 1개

**게이지** 짧은뜨기(사방 10㎝): 22코 22단

### 만드는 법

**1** 리락쿠마를 만든다.

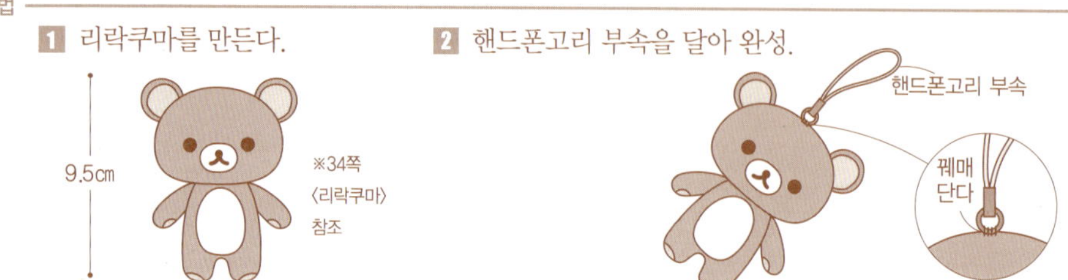

※34쪽 〈리락쿠마〉 참조

**2** 핸드폰고리 부속을 달아 완성.

### 뜨개 도안

**머리** 갈색, 4/0호 코바늘

| 머리 | | |
|---|---|---|
| 11 | −8 | → 12 |
| 10 | −4 | → 20 |
| 9 | −4 | → 24 |
| 5~8 | ±0 | → 28 |
| 4 | +6 | → 28 |
| 3 | +6 | → 22 |
| 2 | +6 | → 16 |
| 첫째단 | +6코 | → 10코 |
| 시작코 | 사슬뜨기 4코 | |

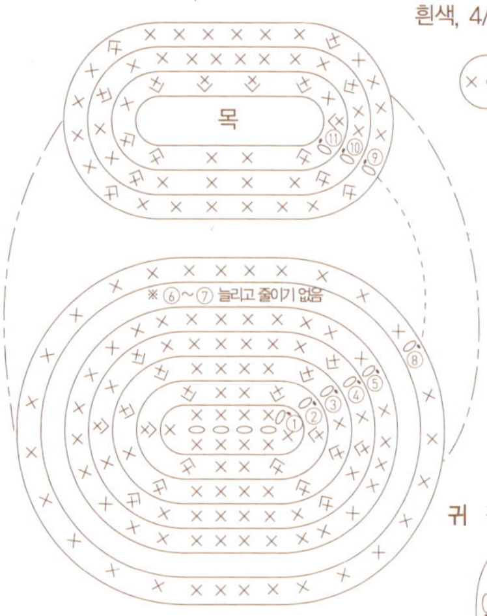

**코 주변** 흰색, 4/0호 코바늘

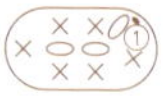

**몸통** 갈색, 노란색, 4/0호 코바늘 □ 갈색 ■ 노란색

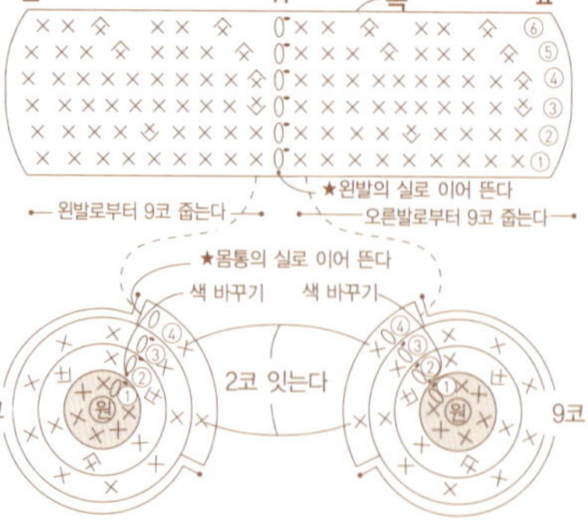

※ 양 발을 4째단까지 뜨고, 좌우를 2코 이어, 양 발의 3째단부터 7코, 4째단부터 단의 양 끝 2코(합계 9코)를 각각 주워 몸통을 뜬다

| 몸통 | | |
|---|---|---|
| 6 | −4 | → 12 |
| 5 | −4 | → 16 |
| 4 | −2 | → 20 |
| 3 | +2 | → 22 |
| 2 | +2 | → 20 |
| 첫째단 | ±0코 | → 18코 |
| | 양 발로부터 9코씩 줍는다 | |
| **발** | | |
| 4 | −7 | → 2 |
| 3 | ±0 | → 9 |
| 2 | +3코 | → 9코 |
| 첫째단 | 원 안은 짧은뜨기 6코 | |

**귀** 갈색, 노란색, 4/0호 코바늘

□ 갈색
■ 노란색

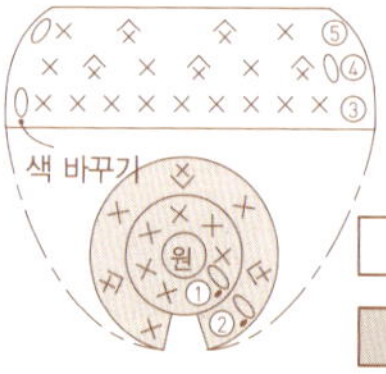

| 귀 | | |
|---|---|---|
| 5 | −2 | → 4 |
| 4 | −3 | → 6 |
| 3 | ±0 | → 9 |
| 2 | +3코 | → 9코 |
| 첫째단 | 원 안은 짧은뜨기 6코 | |

**손** 갈색, 4/0호 코바늘

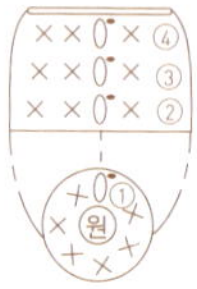

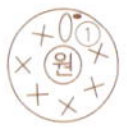

**지퍼** 진갈색, 4/0호 코바늘

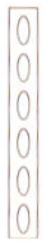

**배** 흰색, 4/0호 코바늘

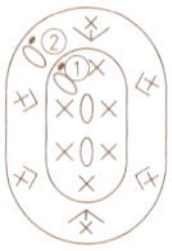

| 배 | | |
|---|---|---|
| 2 | +8 | → 14 |
| 첫째단 | +4코 | → 6코 |
| 시작코 | 사슬뜨기 2코 | |

**손바닥** 노란색, 4/0호 코바늘

**꼬리** 갈색, 4/0호 코바늘

## P 16 핸드폰고리 키이로이토리

**재료** 털실 노란색 10g, 검은색, 오렌지색 각각 적당량
솜 적당량, 4/0호 코바늘, 돗바늘, 핸드폰고리 부속 1개

**게이지** 짧은뜨기(사방 10㎝): 22코 22단

### 만드는 법

**1** 키이로이토리를 만든다.

※33쪽 〈키이로이토리〉 참조

**2** 핸드폰고리 부속을 달아 완성.

### 뜨개 도안

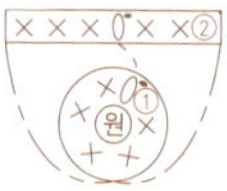

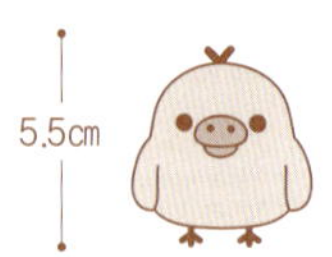

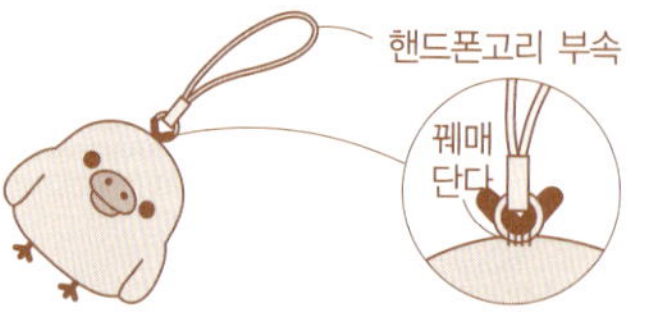

**부리** 오렌지색, 4/0호 코바늘

윗부리

아랫부리

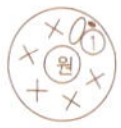

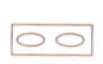

# 핸드폰고리 코리락쿠마

재료   털실  베이지색 15g, 분홍색, 흰색, 빨간색, 검은색 각각 적당량
솜 적당량, 4/0호 코바늘, 돗바늘, 핸드폰고리 부속 1개

게이지   짧은뜨기(사방 10cm): 22코 22단

★ 만드는 법

**1** 코리락쿠마를 만든다.

8.5cm

※36쪽
〈코리락쿠마〉
참조

**2** 핸드폰고리 부속을 달아 완성.

★ 뜨개 도안

머리  베이지색, 4/0호 코바늘

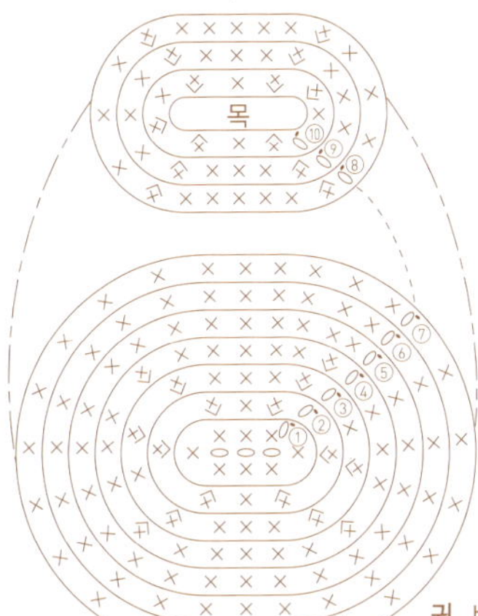


코 주변
흰색, 4/0호 코바늘

| 머리 | | |
|---|---|---|
| 10 | −6 | → 10 |
| 9 | −4 | → 16 |
| 8 | −4 | → 20 |
| 5~7 | ±0 | → 24 |
| 4 | +4 | → 24 |
| 3 | +6 | → 20 |
| 2 | +6 | → 14 |
| 첫째단 | +5코 | → 8코 |
| 시작코 | 사슬뜨기 3코 | |

몸통  베이지색, 분홍색, 4/0호 코바늘

□ 베이지색    ▨ 분홍색

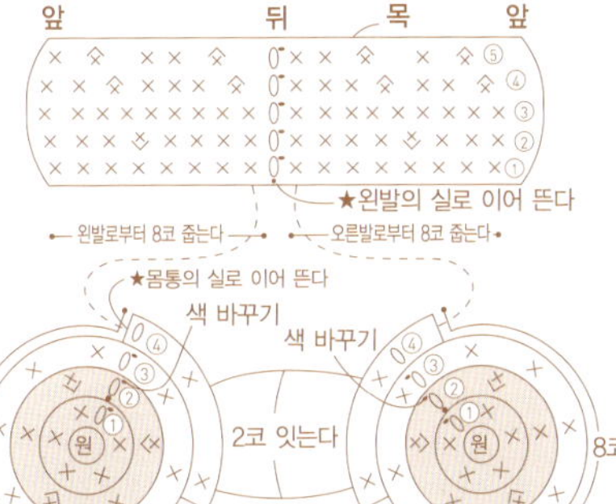


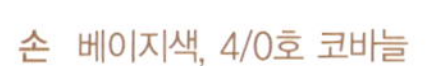

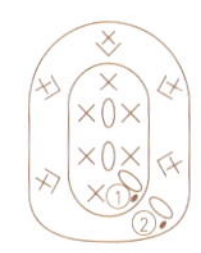

※ 양 발을 4째단까지 떠서 좌우를
2코 이어 양 발의 3째단부터 6코,
4째단부터 단의 양 끝 2코(합계8
코)를 각각 주워 몸통을 뜬다.

| 몸통 | | |
|---|---|---|
| 5 | −4 | → 10 |
| 4 | −4 | → 14 |
| 3 | +0 | → 18 |
| 2 | +2 | → 18 |
| 첫째단 | ±0코 | → 16코 |
| | 양 발로부터 8코씩 줍는다 | |

| 발 | | |
|---|---|---|
| 4 | −6 | → 2 |
| 3 | ±0 | → 8 |
| 2 | +3코 | → 8코 |
| 첫째단 | 원 안은 짧은뜨기 5코 | |

배  흰색, 4/0호 코바늘

| 배 | | |
|---|---|---|
| 2 | +5 | → 11 |
| 첫째단 | +4코 | → 6코 |
| 시작코 | 사슬뜨기 2코 | |

귀  베이지색, 분홍색, 4/0호 코바늘

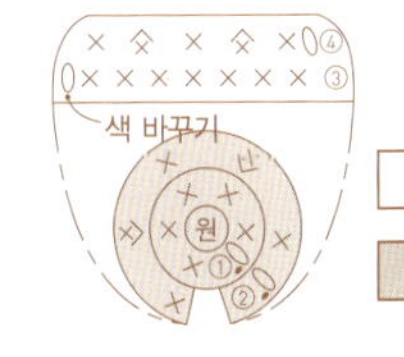


□ 베이시색
▨ 분홍색

| 귀 | | |
|---|---|---|
| 4 | −2 | → 5 |
| 3 | ±0 | → 7 |
| 2 | +2코 | → 7코 |
| 첫째단 | 원 안은 짧은뜨기 5코 | |

손  베이지색, 4/0호 코바늘

손바닥
분홍색, 4/0호 코바늘

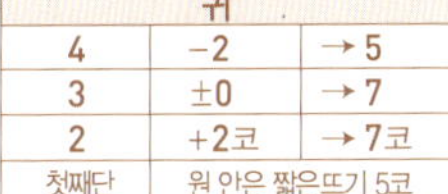

꼬리  베이지색, 4/0호 코바늘

단추  빨간색, 3/0호 코바늘

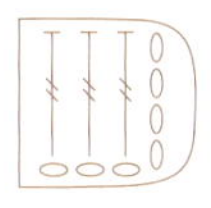


---

몸통  노란색, 4/0호 코바늘

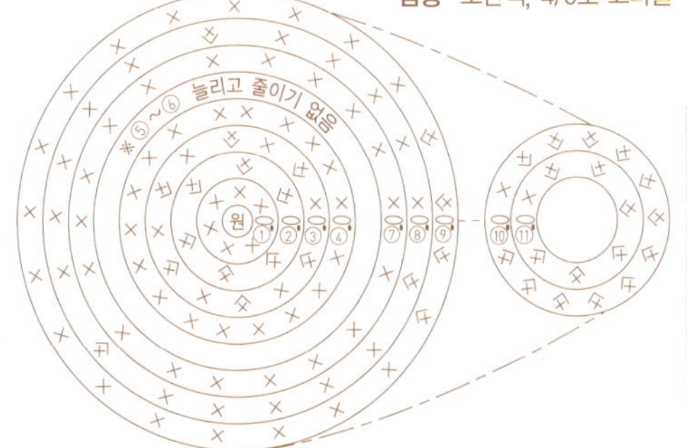


| 몸통 | | |
|---|---|---|
| 11 | −6 | → 7 |
| 10 | −12 | → 13 |
| 9 | +4 | → 25 |
| 8 | +3 | → 21 |
| 4~7 | ±0 | → 18 |
| 3 | +6 | → 18 |
| 2 | +6코 | → 12코 |
| 첫째단 | 원 안은 짧은뜨기 6코 | |

손  노란색, 4/0호 코바늘

발  검은색, 4/0호 코바늘

실로
이어 붙인다    실로
이어 붙인다

머리털  검은색, 4/0호 코바늘

재료  털실  흰색 30g, 검은색, 분홍색, 하늘색 각각 적당량
솜 적당량, 5/0호 코바늘, 돗바늘
게이지  짧은뜨기(사방 10cm): 19코 19단

❋ 만드는 법

**1** 각 부분을 떠서 솜을 넣는다.　　**2** 몸통에 손, 발을 이어 붙인다.　　**3** 얼굴을 만들어 완성.

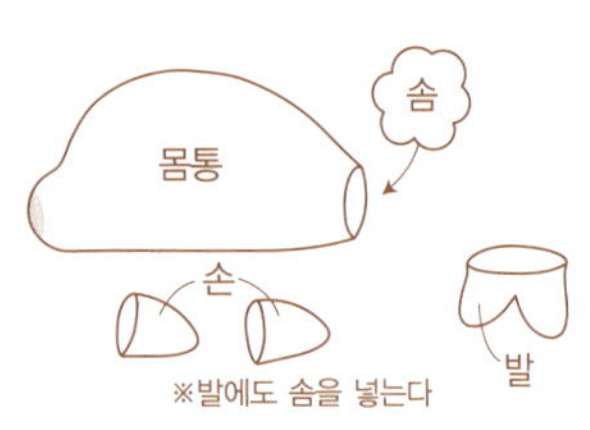


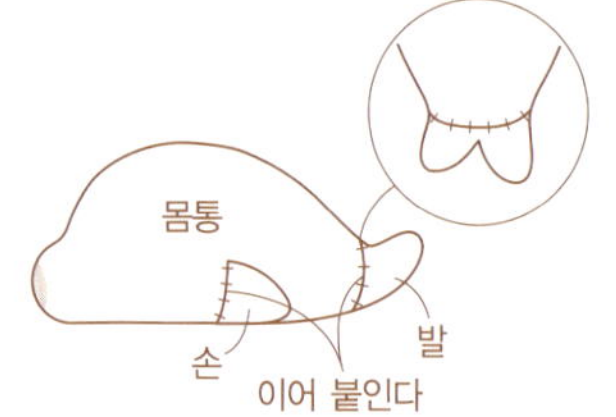


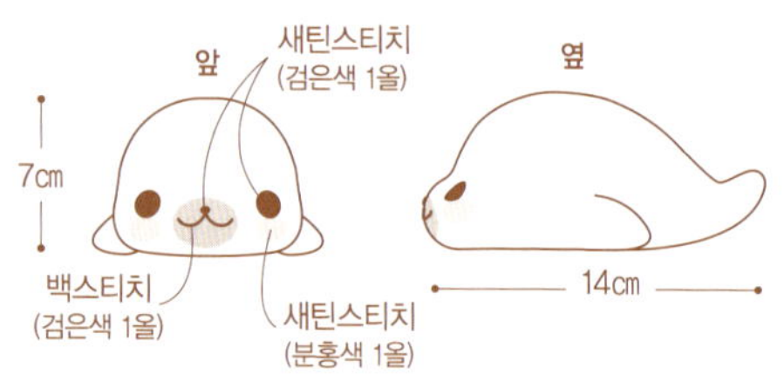


❋ 뜨개 도안

**몸통**
흰색, 하늘색, 5/0호 코바늘

□ 흰색
■ 하늘색

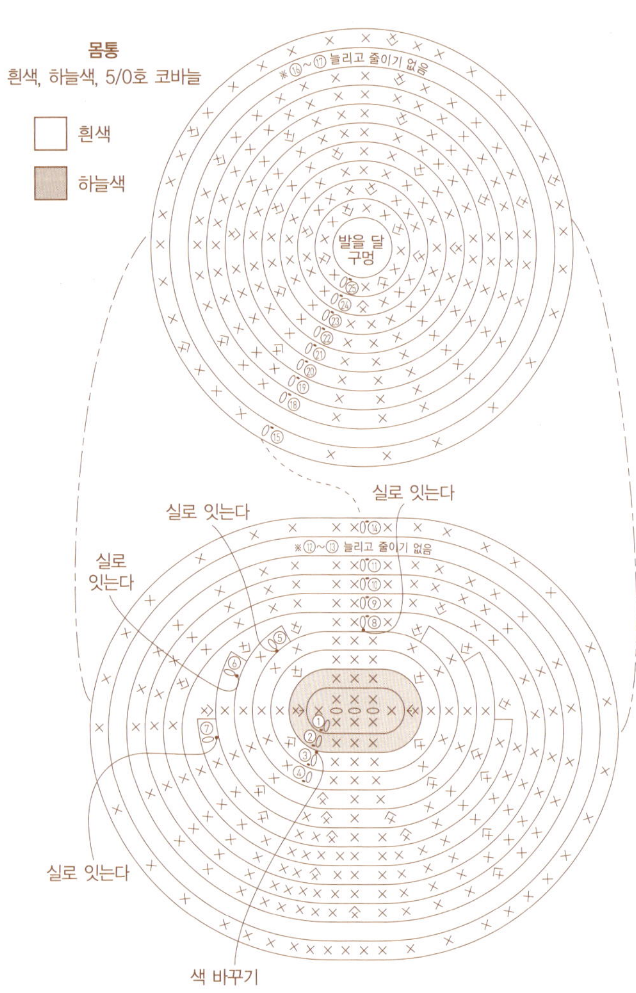


**발**  흰색, 5/0호 코바늘

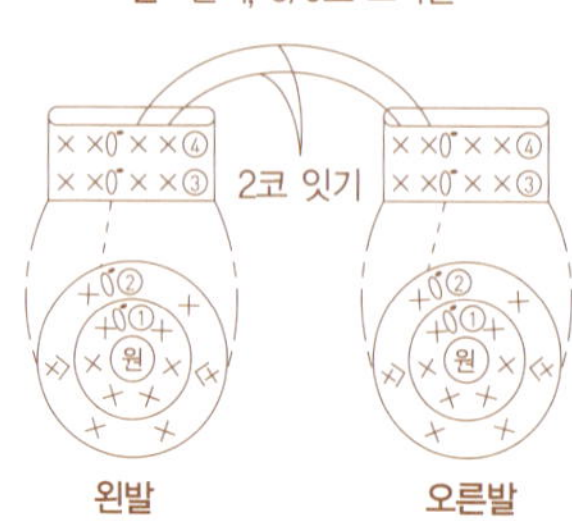


| 발 | | |
|---|---|---|
| 3 · 4 | ±0 | → 8 |
| 2 | +2코 | → 8코 |
| 첫째단 | 원 안은 짧은뜨기 6코 | |

**손**  흰색, 5/0호 코바늘

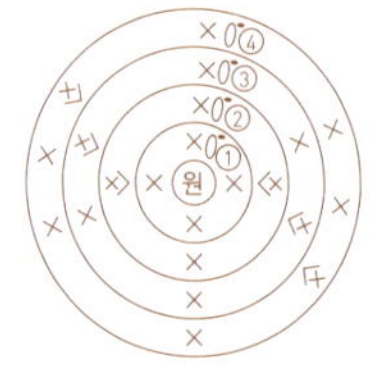

| 손 | | |
|---|---|---|
| 4 | +2 | → 10 |
| 3 | +2 | → 8 |
| 2 | +2코 | → 6코 |
| 첫째단 | 원 안은 짧은뜨기 4코 | |

| 몸통 | | |
|---|---|---|
| 25 | −4 | → 12 |
| 24 | −4 | → 16 |
| 23 | ±0 | → 20 |
| 22 | −5 | → 20 |
| 21 | ±0 | → 25 |
| 20 | −5 | → 25 |
| 19 | ±0 | → 30 |
| 18 | −4 | → 30 |
| 16 · 17 | ±0 | → 34 |
| 15 | −4 | → 34 |
| 12~14 | ±0 | → 38 |
| 11 | +2 | → 38 |
| 10 | ±0 | → 36 |
| 9 | +4 | → 36 |
| 8 | +15 | → 32 |
| 7 | +4−2 | → 17 |
| 6 | +4−2 | → 15 |
| 5 | +2−5 | → 13 |
| 4 | ±0 | → 16 |
| 3 | +4 | → 16 |
| 2 | +4 | → 12 |
| 첫째단 | +5코 | → 8코 |
| 시작코 | 사슬뜨기 3코 | |

# 토끼옷 마메고마

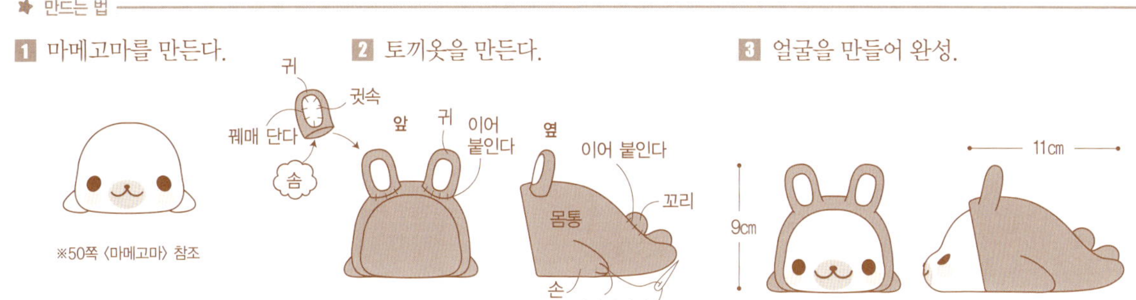

재료 **털실** 마메고마: 흰색 30g, 검은색, 분홍색, 하늘색 각각 적당량 / 토끼옷: 분홍색 30g, 흰색 적당량
솜 적당량, 5/0호 코바늘, 돗바늘
게이지 짧은뜨기(사방 10cm): 19코 19단

★ 만드는 법

**1** 마메고마를 만든다.　**2** 토끼옷을 만든다.　**3** 얼굴을 만들어 완성.



★ 뜨개 도안

마메고마 도안은 50쪽 참조

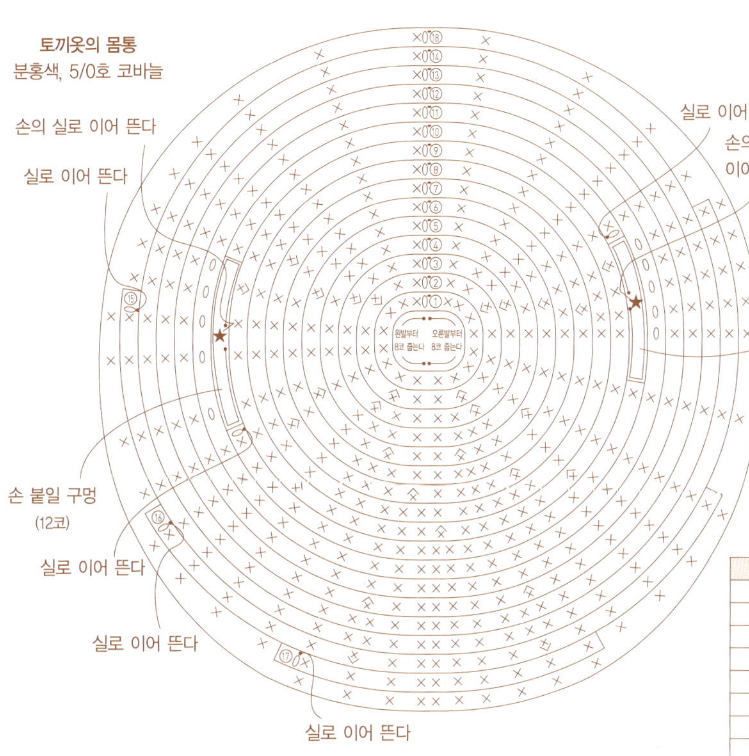


### 토끼옷의 귀
분홍색, 5/0호 코바늘

### 토끼옷의 귓속
분홍색, 5/0호 코바늘

| 토끼옷의 귓속 | | |
|---|---|---|
| 첫째단 | +5코 | → 8코 |
| 시작코 | 사슬뜨기 8코 | |

### 토끼옷의 귓 속
분홍색, 5/0호 코바늘

※ 양 발을 5째단까지 떠서 좌우를 3코 잇고, 양 발의 8코를 각각 주워 몸통을 뜬다.

| 토끼옷의 몸통 | | |
|---|---|---|
| 18 | +30 | → 40 |
| 17 | −8 | → 10 |
| 16 | −12 | → 18 |
| 15 | −12 | → 30 |
| 14 | ±0 | → 42 |
| 13 | +2 | → 42 |
| 12 | ±0 | → 40 |
| 11 | +10 | → 40 |
| 10 | −10 | → 30 |
| 9 | +5 | → 40 |
| 8 | ±0 | → 35 |
| 7 | +5 | → 35 |
| 6 | ±0 | → 30 |
| 5 | +6 | → 30 |
| 4 | ±0 | → 24 |
| 3 | +4 | → 24 |
| 2 | +4 | → 20 |
| 첫째단 | ±0코 | → 16코 |
| | 양 발로부터 8코씩 줍는다 | |

| 토끼옷의 발 | | |
|---|---|---|
| 3~5 | ±0 | → 11 |
| 2 | +3코 | → 11코 |
| 첫째단 | 원 안은 짧은뜨기 8코 | |

### 토끼옷의 손
분홍색, 5/0호 코바늘

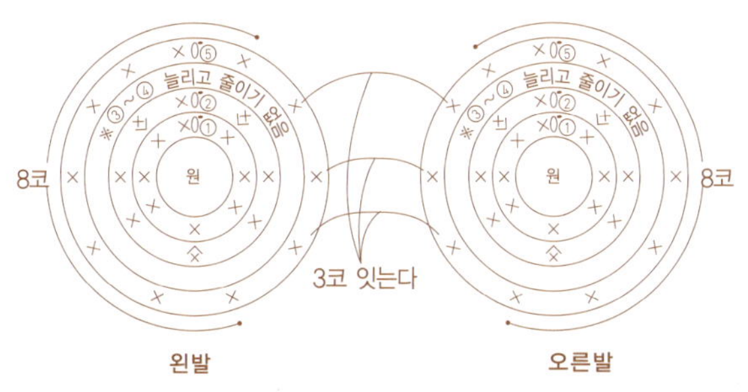




| 토끼옷의 손 | | |
|---|---|---|
| 5 | −2 | → 6 |
| 4 | −2 | → 8 |
| 3 | −2 | → 10 |
| 2 | ±0코 | → 12코 |
| 첫째단 | 몸통으로부터 12코씩 줍는다 | |

# 오리옷 마메고마

재료　털실　마메고마: 50쪽 참조
　　　오리옷: 크림색 20g, 오렌지색, 진갈색 각각 적당량
　　　솜 적당량, 5/0호 코바늘, 돗바늘
게이지　짧은뜨기(사방 10cm): 19코 19단

★ 만드는 법

**1** 마메고마를 만든다.

※50쪽 〈마메고마〉 참조

**2** 오리옷을 만든다.

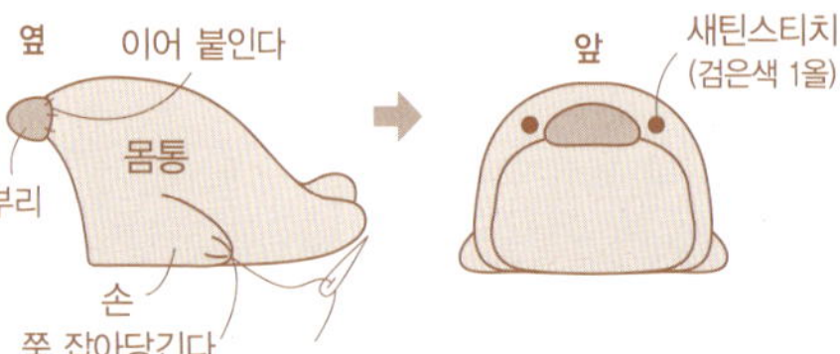


**3** 마메고마에게 오리옷을 입혀 완성.

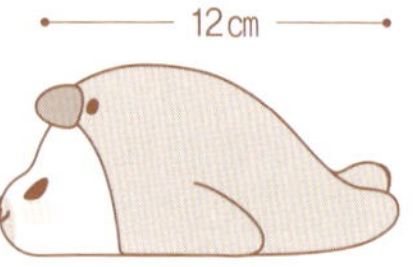


★ 뜨개 도안

마메고마　도안은 50쪽 참조

**오리옷의 몸통**
크림색, 5/0호 코바늘

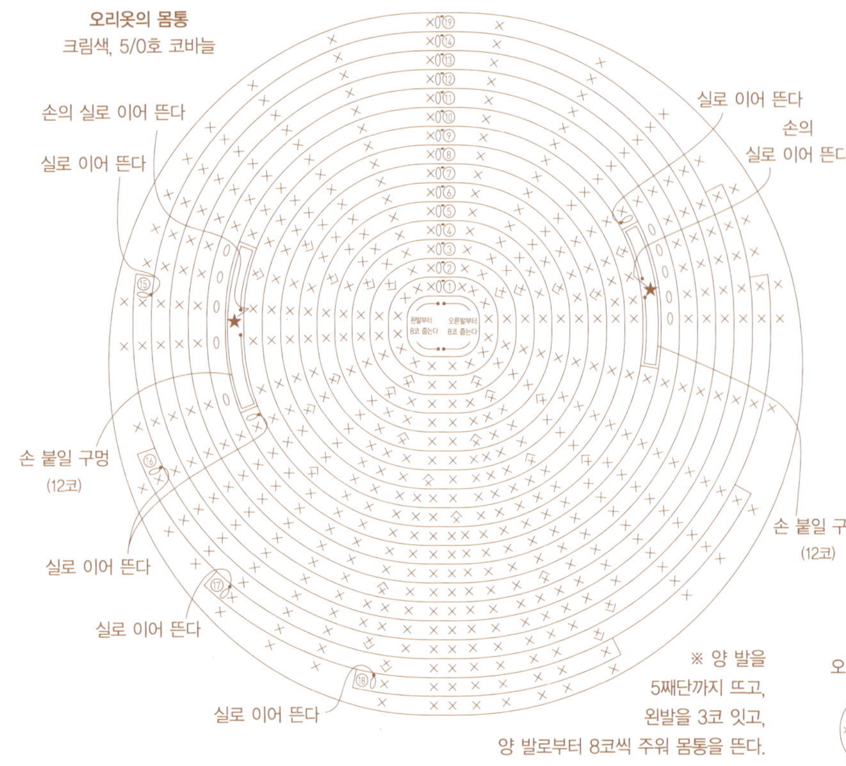


| 오리옷의 몸통 | | |
|---|---|---|
| 19 | +30 | → 38 |
| 18 | −6 | → 8 |
| 17 | −8 | → 14 |
| 16 | −8 | → 22 |
| 15 | −12 | → 30 |
| 14 | ±0 | → 42 |
| 13 | +2 | → 42 |
| 12 | ±0 | → 40 |
| 11 | +10 | → 40 |
| 10 | −10 | → 30 |
| 9 | +5 | → 40 |
| 8 | ±0 | → 35 |
| 7 | +5 | → 35 |
| 6 | ±0 | → 30 |
| 5 | +6 | → 30 |
| 4 | ±0 | → 24 |
| 3 | +4 | → 24 |
| 2 | +4 | → 20 |
| 첫째단 | ±0코 | → 16코 |
| | 양 발로부터 8코씩 줍는다 | |
| 오리옷의 발 | | |
| 3~5 | ±0 | → 11 |
| 2 | +3코 | → 11코 |
| 첫째단 | 원 안은 짧은뜨기 8코 | |

**오리옷의 손과 발**
크림색, 5/0호 코바늘
뜨개 도안은 51쪽
토끼옷의 손과 발 참조

**오리옷의 부리**
오렌지색, 5/0호 코바늘

| 오리옷의 부리 | | |
|---|---|---|
| 2 | +2 | → 12 |
| 첫째단 | +6코 | → 10코 |
| 시작코 | 사슬뜨기 4코 | |

---



# 핫케이크 세트(티컵)　★ 뜨개 도안

**티컵** 흰색, 5/0호 코바늘

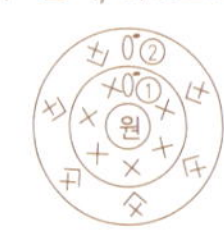


※ 3째단은 사슬코 한쪽(안쪽)의 1올에 바늘을 넣어 뜬다

| 티컵 | | |
|---|---|---|
| 7 | +2 | → 18 |
| 6 | +2 | → 16 |
| 5 | +2 | → 14 |
| 3 · 4 | ±0 | → 12 |
| 2 | +6코 | → 12코 |
| 첫째단 | 원 안은 짧은뜨기 6코 | |

**손잡이** 흰색, 5/0호 코바늘

3cm(6코)

**티** 갈색, 5/0호 코바늘

| 티 | | |
|---|---|---|
| 2 | +6코 | → 12코 |
| 첫째단 | 원 안은 짧은뜨기 6코 | |

# 모노크로로부 (시로, 쿠로)



재료 **털실** 시로: 흰색 70g, 검은색 적당량 / 쿠로: 검은색 70g, 흰색 적당량
**솜** 적당량, 6/0호 코바늘, 돗바늘
게이지 짧은뜨기(사방 10cm): 18코 16단

★ 만드는 법 (시로, 쿠로 공통)

**1** 각 부분을 떠서 솜을 넣고 몸통을 마무리한다.

**2** 몸통에 귀, 발, 코, 꼬리를 단다.

**3** 얼굴을 만들어 완성.

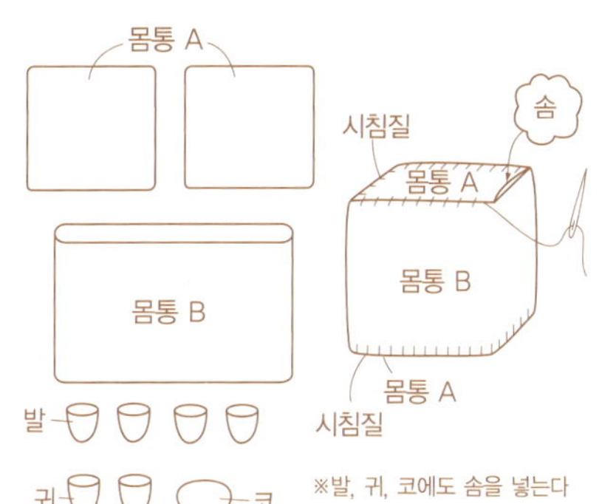


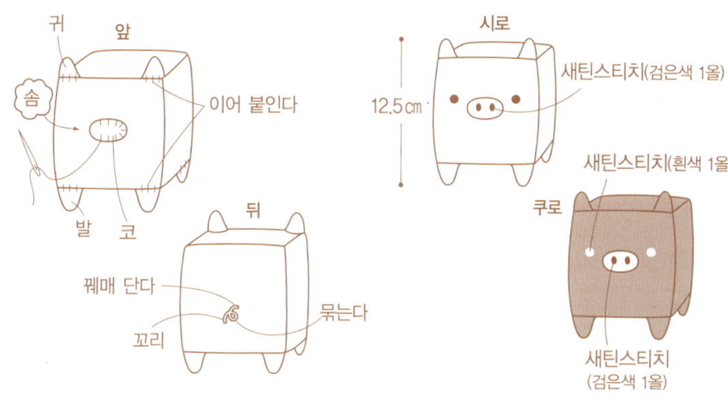


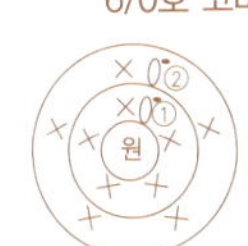


★ 뜨개 도안

**몸통 A** 시로: 흰색 / 쿠로: 검은색, 6/0호 코바늘
7.5cm (12단)
※ ③~⑩ 늘리고 줄이기 없음
8cm(15코)

**몸통 B** 시로: 흰색 / 쿠로: 검은색, 6/0호 코바늘
9cm (14단)
※ ③~⑫ 늘리고 줄이기 없음
31cm(54코)

**코** 흰색, 6/0호 코바늘

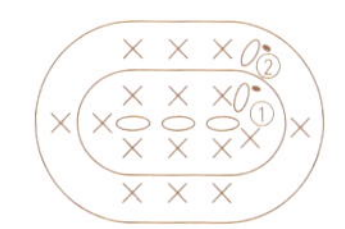

| 코 | | |
|---|---|---|
| 2 | ±0 | → 8 |
| 첫째단 | +5코 | → 8코 |
| 시작코 | 사슬뜨기 3코 | |

**발 · 귀** 시로: 흰색, 쿠로: 검은색, 6/0호 코바늘

**꼬리** 시로: 흰색 쿠로: 검은색, 6/0호 코바늘 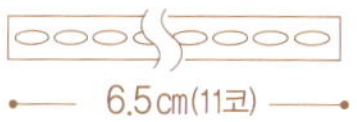
6.5cm(11코)

---

# 핫케이크 세트 (딸기, 크림)



★ 뜨개 도안

**딸기** 빨간색, 초록색, 5/0호 코바늘

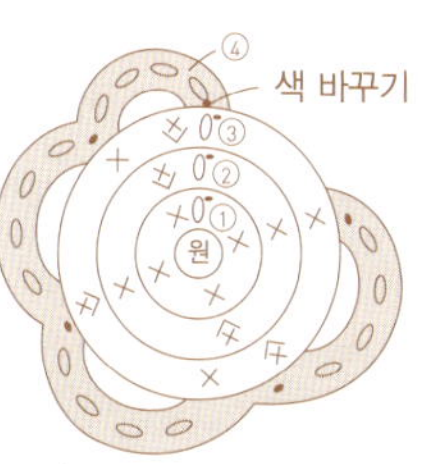


☐ 빨간색
▨ 초록색

| 딸기 | | |
|---|---|---|
| 4 | +11 | → 20 |
| 3 | +3 | → 9 |
| 2 | +2코 | → 6코 |
| 첫째단 | 원 안은 짧은뜨기 4코 | |

**크림** 흰색, 5/0호 코바늘

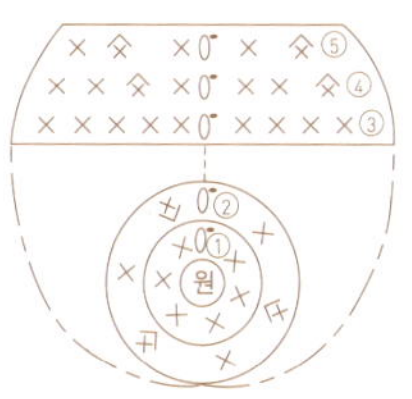

| 크림 | | |
|---|---|---|
| 5 | −2 | → 5 |
| 4 | −2 | → 7 |
| 3 | ±0 | → 9 |
| 2 | +3코 | → 9코 |
| 첫째단 | 원 안은 짧은뜨기 6코 | |

# 케로리
### (초록색, 흰색)


**털실** 케로리(초록색): 연두색 30g, 초록색, 진초록색, 흰색, 검은색 각각 적당량
케로리(흰색): 흰색 30g, 연두색, 초록색, 검은색 각각 적당량
**솜 적당량, 5/0호 코바늘, 돗바늘**
 **짧은뜨기**(사방 10cm): 19코 19단

★ 만드는 법

**1** 각 부분을 떠서 솜을 넣는다.　**2** 머리에 몸통을 붙이고, 손을 단다.　**3** 배를 붙인다.　**4** 얼굴을 만들고, 잎사귀를 달아 완성.

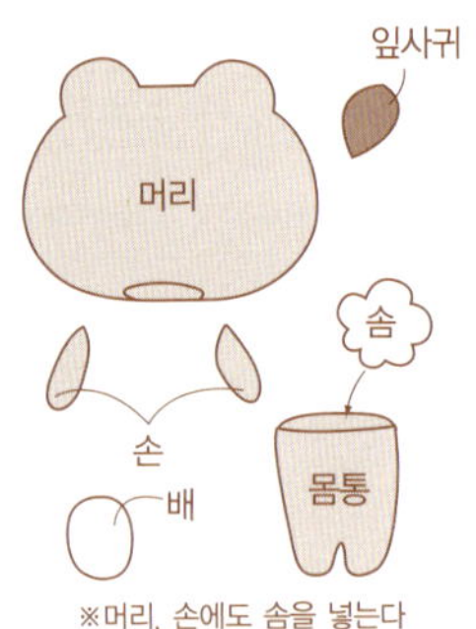


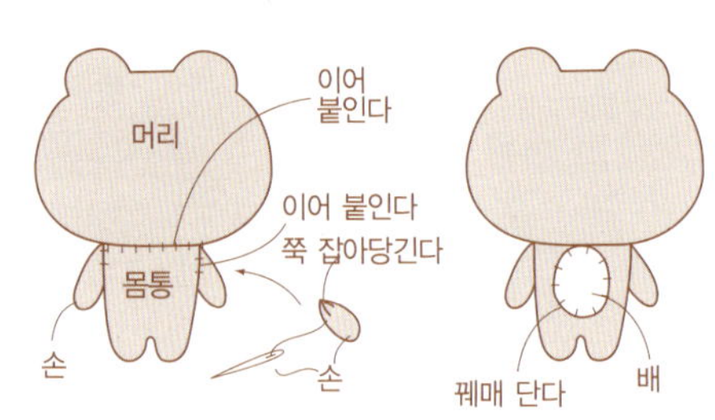




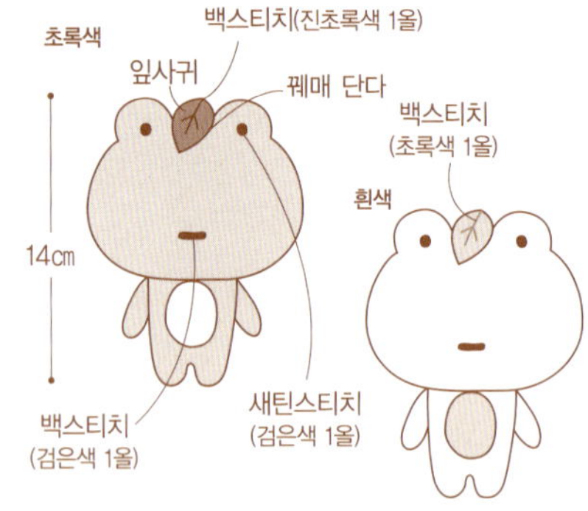


★ 뜨개 도안

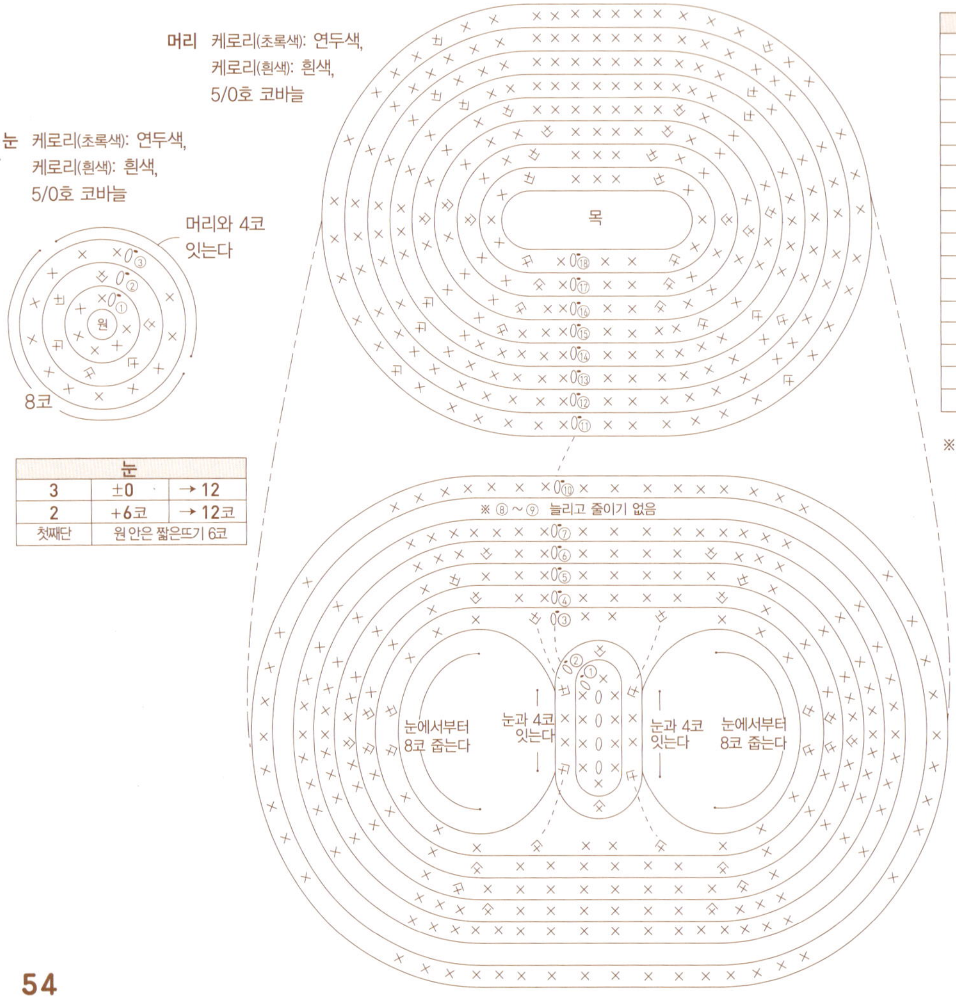

머리  케로리(초록색): 연두색,
　　　 케로리(흰색): 흰색,
　　　 5/0호 코바늘

눈  케로리(초록색): 연두색,
　　 케로리(흰색): 흰색,
　　 5/0호 코바늘

머리와 4코 잇는다

원
8코

목

※ ⑧ ~ ⑨ 늘리고 줄이기 없음

눈에서부터 8코 줍는다
눈과 4코 잇는다
눈과 4코 잇는다
눈에서부터 8코 줍는다

| 머리 | | |
|---|---|---|
| 18 | −4 | → 16 |
| 17 | −6 | → 20 |
| 16 | −6 | → 26 |
| 15 | −6 | → 32 |
| 14 | −4 | → 38 |
| 13 | −4 | → 42 |
| 12 | ±0 | → 46 |
| 11 | −4 | → 46 |
| 7~10 | ±0 | → 50 |
| 6 | +4 | → 50 |
| 5 | +6 | → 46 |
| 4 | +8 | → 40 |
| 3 | +16 | → 32 |
| | 양 눈으로부터 8코씩 줍는다 | |
| 2 | +6 | → 16 |
| 첫째단 | +6코 | → 10코 |
| 시작코 | 사슬뜨기 4코 | |

※ 양 눈을 3째단, 머리를 2째단 까지 뜨고 양 눈과 머리를 4 코 연결시킨 뒤 양 눈으로부 터 8코씩 주워 머리를 뜬다.

| 눈 | | |
|---|---|---|
| 3 | ±0 | → 12 |
| 2 | +6코 | → 12코 |
| 첫째단 | 원 안은 짧은뜨기 6코 | |

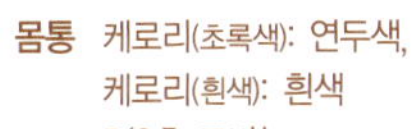

**몸통** 케로리(초록색): 연두색,
케로리(흰색): 흰색
5/0호 코바늘

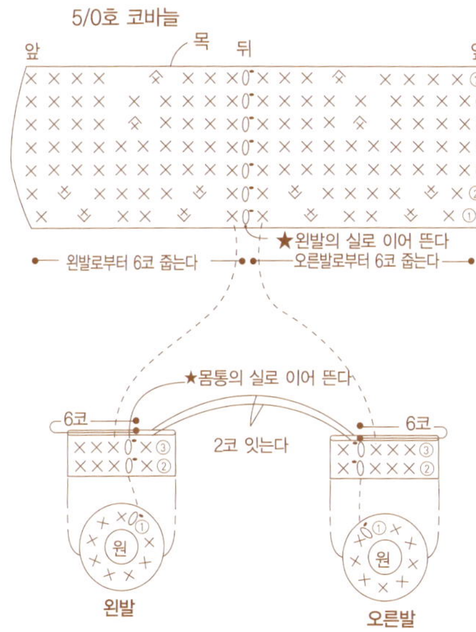


**배** 케로리(초록색): 흰색,
케로리(흰색): 연두색,
5/0호 코바늘

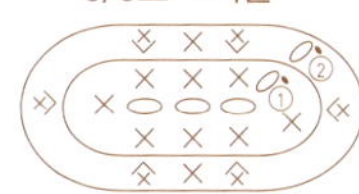


| 배 | | |
|---|---|---|
| 2 | +6 | → 14 |
| 첫째단 | +5코 | → 8코 |
| 시작코 | 사슬뜨기 3코 | |

※ 양 발을 3째단까지 뜬 뒤 좌우를
2코 연결시키고, 양 발로부터 6코
씩 주워 몸통을 뜬다.

| 몸통 | | |
|---|---|---|
| 7 | −2 | → 16 |
| 6 | ±0 | → 18 |
| 5 | −2 | → 18 |
| 3 · 4 | ±0 | → 20 |
| 2 | +4 | → 20 |
| 첫째단 | +4코 | → 16코 |
| | 양 발로부터 6코씩 줍는다 | |
| 발 | | |
| 2 · 3 | +0코 | → 8코 |
| 첫째단 | 원 안은 짧은뜨기 8코 | |

**입사귀** 케로리(초록색): 초록색,
케로리(흰색): 연두색,
5/0호 코바늘

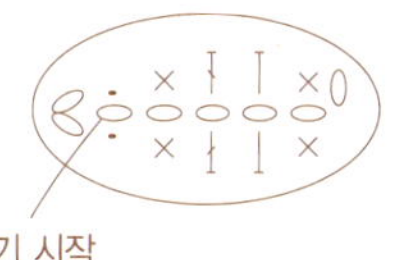


**손** 케로리(초록색): 연두색,
케로리(흰색): 흰색,
5/0호 코바늘

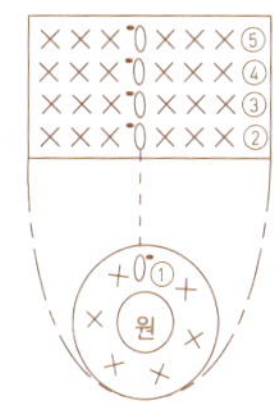


---

 # 토츄

재료 **털실 노란색, 검은색 각각 적당량
솜 적당량, 5/0호 코바늘, 돗바늘**
게이지 **짧은뜨기(사방 10cm): 19코 19단**

★ 만드는 법

**1** 각 부분을 떠서 솜을 넣는다.  **2** 몸통에 손, 발, 꼬리를 단다.  **3** 얼굴을 만들어 완성.

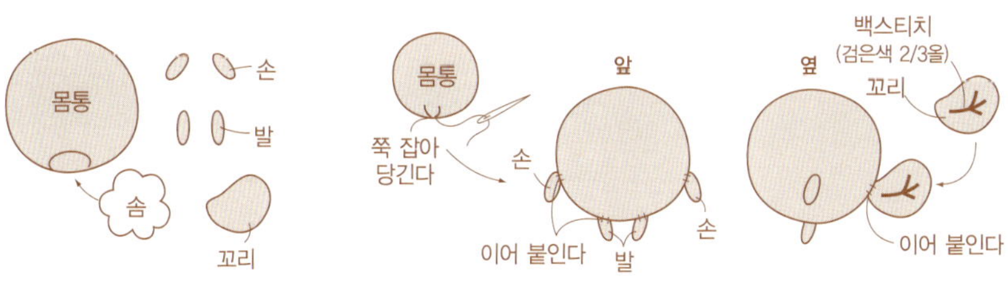


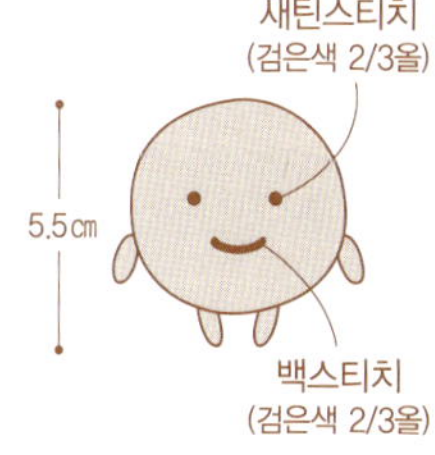


★ 뜨개 도안

**몸통** 노란색, 5/0호 코바늘

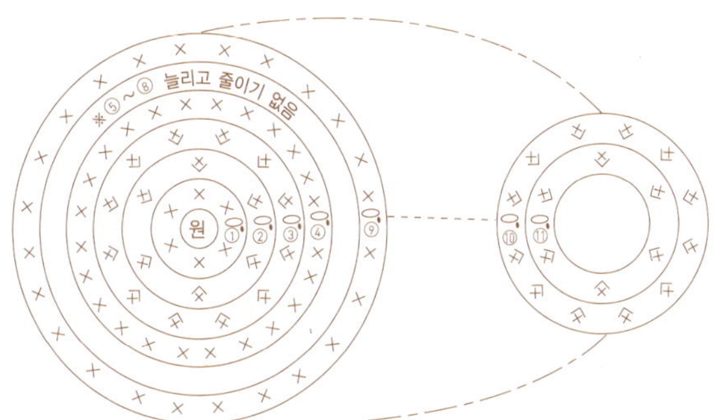


| 몸통 | | |
|---|---|---|
| 11 | −6 | → 6 |
| 10 | −12 | → 12 |
| 4~9 | ±0 | → 24 |
| 3 | +12 | → 24 |
| 2 | +6코 | → 12코 |
| 첫째단 | 원 안은 짧은뜨기 6코 | |

**손 · 발** 노란색, 5/0호 코바늘

**꼬리** 노란색, 5/0호 코바늘

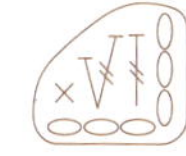

# 카모노하시카모
## (서 있는 포즈)

재료　털실　노란색 30g, 오렌지색, 검은색 각각 적당량
솜 적당량, 7/0호 코바늘, 돗바늘
게이지　짧은뜨기(사방 10cm): 14코 15단

★ 만드는 법

**1** 각 부분을 떠서 솜을 넣는다

**2** 머리에 몸통을 단 뒤 손, 발, 꼬리를 붙인다.

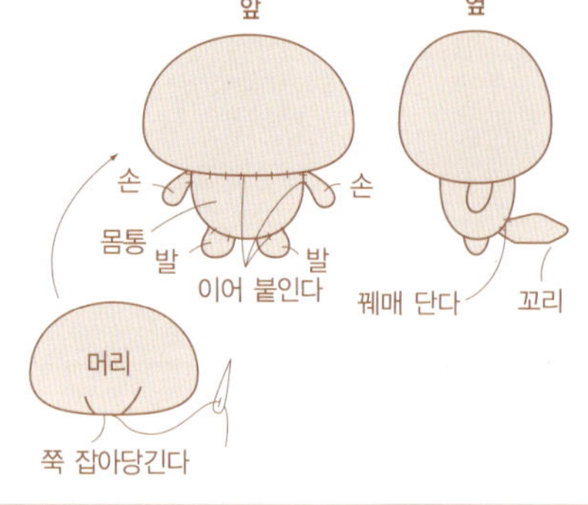


**3** 얼굴을 만들고, 머리카락을 단 뒤 배꼽을 수놓아 완성.

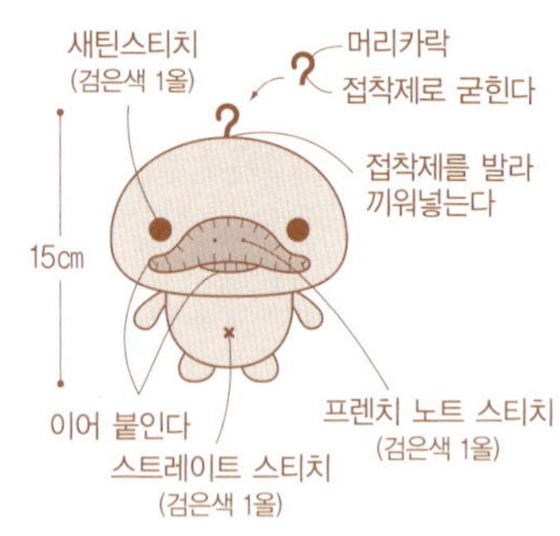


★ 뜨개 도안

머리　노란색, 7/0호 코바늘

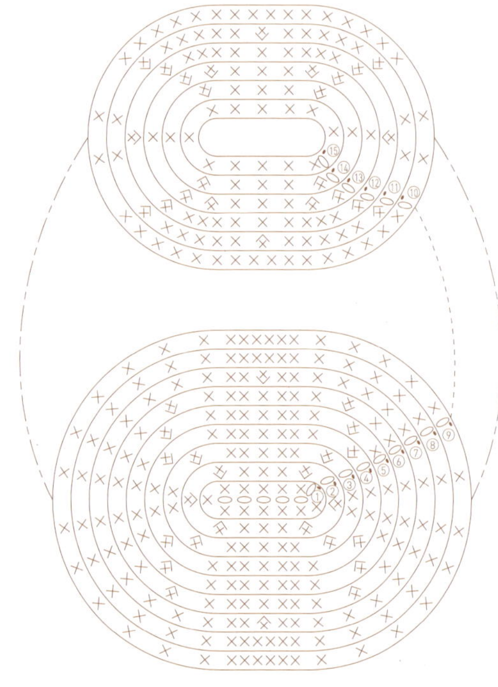

머리카락
검은색, 7/0호 코바늘

← 7cm →
(11코)

| 머리 | | |
|---|---|---|
| 15 | ±0 | → 11 |
| 14 | −5 | → 11 |
| 13 | −8 | → 16 |
| 12 | −6 | → 24 |
| 11 | −6 | → 30 |
| 8~10 | ±0 | → 36 |
| 7 | +2 | → 36 |
| 6 | +4 | → 34 |
| 5 | +4 | → 30 |
| 4 | +4 | → 26 |
| 3 | +4 | → 22 |
| 2 | +6 | → 18 |
| 첫째단 | +7코 | → 12코 |
| 시작코 | 사슬뜨기 5코 | |

손·발　노란색, 7/0호 코바늘

몸통　노란색, 7/0호 코바늘

뒹구는 포즈는
5째단까지 뜬다

서 있는 포즈는
4째단까지 뜬다

꼬리　노란색, 7/0호 코바늘

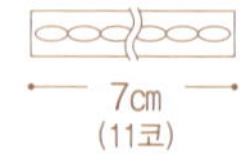
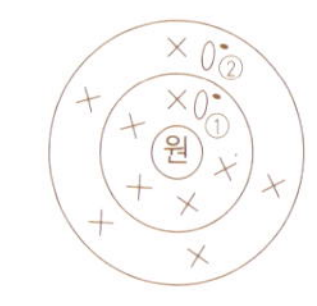
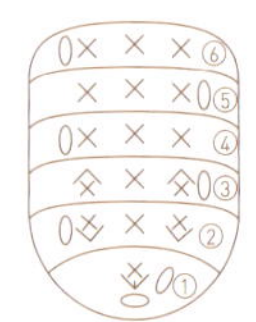

부리　오렌지색, 7/0호 코바늘

윗부리

| 윗부리 | | |
|---|---|---|
| 3 | +10 | → 26 |
| 2 | +6 | → 16 |
| 첫째단 | +6코 | → 10코 |
| 시작코 | 사슬뜨기 4코 | |

| 몸통 | | |
|---|---|---|
| 5 | ±0 | → 18 |
| 3 · 4 | ±0 | → 18 |
| 2 | +4 | → 18 |
| 첫째단 | +8코 | → 14코 |
| 시작코 | 사슬뜨기 6코 | |

→ 네소베리
포즈만

| 꼬리 | | |
|---|---|---|
| 4~6 | ±0 | → 3 |
| 3 | −2 | → 3 |
| 2 | +2 | → 5 |
| 첫째단 | +2코 | → 3코 |
| 시작코 | 사슬뜨기 1코 | |

아랫부리

## P 27 카모노하시카모 (뒹구는 포즈)



★ 만드는 법

**1** 각 부분을 떠서 솜을 넣는다

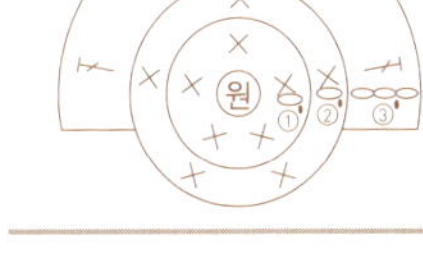


**2** 머리에 몸통을 단 뒤 손, 발, 꼬리를 붙인다.

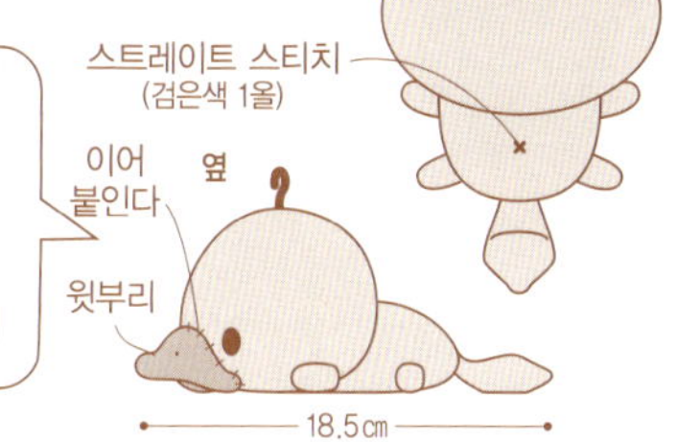


**3** 얼굴과 머리카락을 만들고 배꼽을 수놓아 완성.



★ 뜨개 도안

※손 이외의 도안은 56쪽 〈카모노하시카모〉 참조

**손**  노란색, 7/0호 코바늘

| 손 | | |
|---|---|---|
| 3 | +1−2 | → 4 |
| 2 | ±0코 | → 5코 |
| 첫째단 | 원 안은 짧은뜨기 5코 | |

---

## P 15 꽃과 코리락쿠마



★ 만드는 법

**1** 코리락쿠마를 만든다.

**2** 꽃왕관을 만든다.

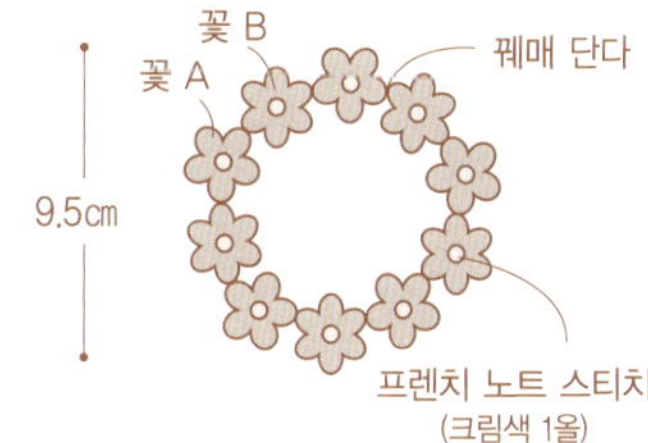


**3** 코리락쿠마에게 꽃왕관을 달아 완성.

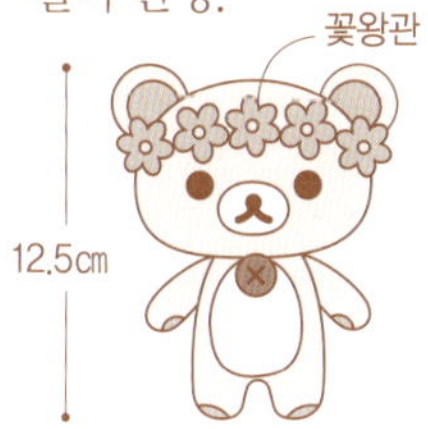

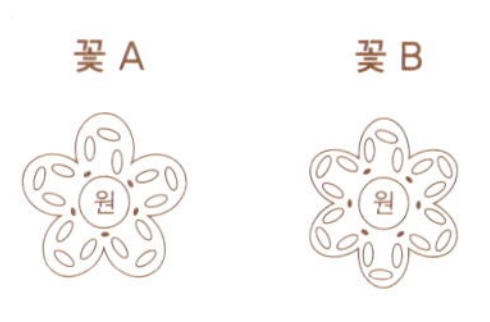


★ 뜨개 도안

**코리락쿠마**  도안은 36~37쪽 참조

**꽃**  분홍색, 5/0호 코바늘

---

## P 15 꽃과 키이로이토리



★ 만드는 법

**1** 키이로이토리를 만든다.

**2** 꽃을 만든다.

**3** 키이로이토리에게 꽃을 달아 완성.

★ 뜨개 도안

**키이로이토리**  도안은 33쪽 참조

**꽃**  오렌지색, 5/0호 코바늘

 **양말냥이**

| 재료 | 털실  양말냥이: 검은색 25g, 흰색 15g, 빨간색, 노란색, 회색 각각 적당량 |
|---|---|
| | 양말: 흰색 15g, 검은색, 회색, 빨간색 각각 적당량 |
| | 솜 적당량, 5/0호 코바늘, 돗바늘 |
| 게이지 | 짧은뜨기(사방 10cm): 21코 21단 |

★ 만드는 법 ————————————————

**1** 각 부분을 떠서 솜을 넣는다.

**2** 머리에 귀, 몸통을 이어 붙이고, 손, 발, 꼬리를 단다.

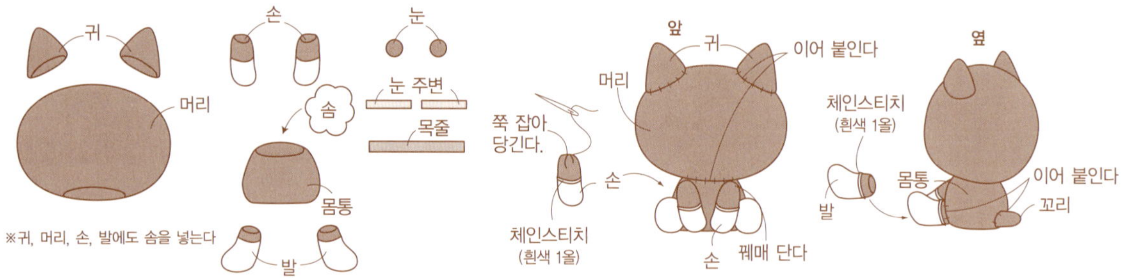

※ 귀, 머리, 손, 발에도 솜을 넣는다

**3** 목줄을 붙인다.

**4** 얼굴을 만들고 엉덩이에 자수를 놓는다.

**5** 양말을 만들어 완성.

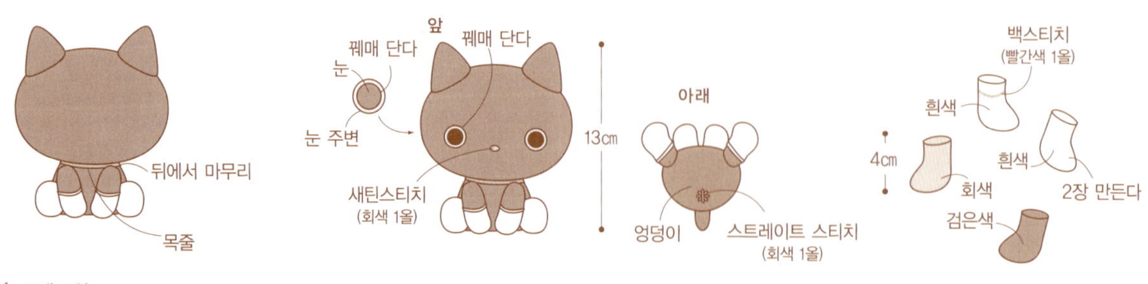

★ 뜨개 도안 ————————————————

**몸통** 검은색, 5/0호 코바늘

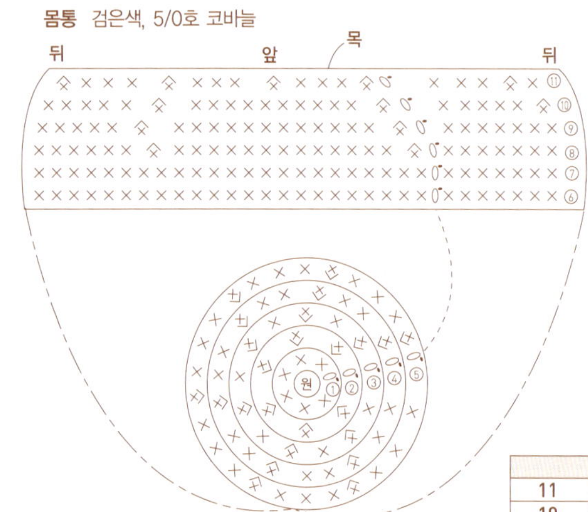

**손** 흰색, 검은색, 5/0호 코바늘

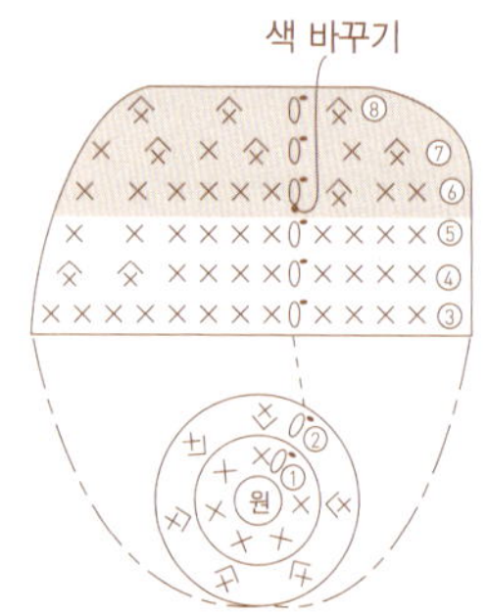

| 손 | | |
|---|---|---|
| 8 | −3 | → 3 |
| 7 | −3 | → 6 |
| 6 | −1 | → 9 |
| 5 | ±0 | → 10 |
| 4 | −2 | → 10 |
| 3 | ±0 | → 12 |
| 2 | +6코 | → 12코 |
| 첫째단 | 원 안은 짧은뜨기 6코 | |

| 몸통 | | |
|---|---|---|
| 11 | −5 | → 18 |
| 10 | −3 | → 23 |
| 9 | −2 | → 26 |
| 8 | −2 | → 28 |
| 6 · 7 | ±0 | → 30 |
| 5 | +6 | → 30 |
| 4 | +6 | → 24 |
| 3 | +6 | → 18 |
| 2 | +6코 | → 12코 |
| 첫째단 | 원 안은 짧은뜨기 6코 | |

**꼬리** 검은색, 5/0호 코바늘

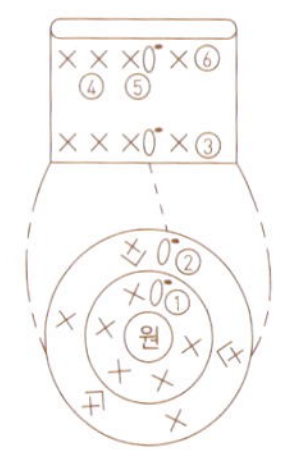

| 꼬리 | | |
|---|---|---|
| 3~6 | ±0 | → 8 |
| 2 | +3코 | → 8코 |
| 첫째단 | 원 안은 짧은뜨기 5코 | |

눈  검은색, 5/0호 코바늘

머리
검은색, 5/0호 코바늘

목

귀  검은색, 5/0호 코바늘

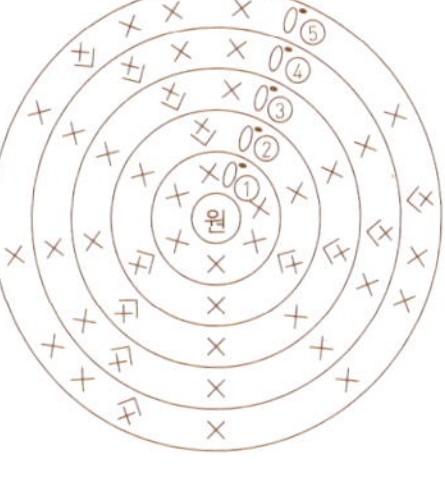

| 귀 | | |
|---|---|---|
| 5 | +3 | → 18 |
| 4 | +3 | → 15 |
| 3 | +3 | → 12 |
| 2 | +3코 | → 9코 |
| 첫째단 | 원 안은 짧은뜨기 6코 | |

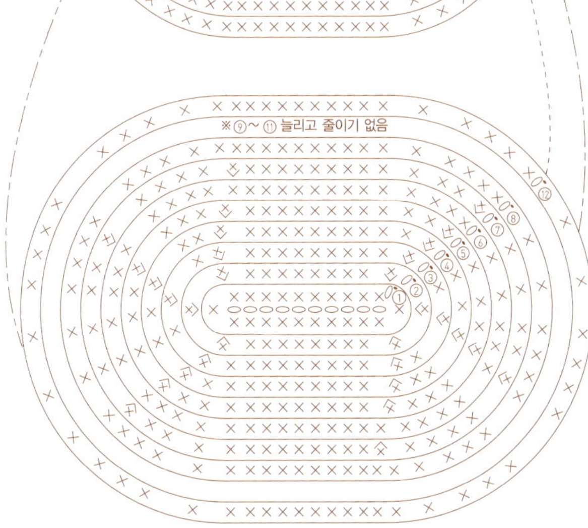

※⑨~⑪ 늘리고 줄이기 없음

| 머리 | | |
|---|---|---|
| 19 | −8 | → 18 |
| 18 | −8 | → 26 |
| 17 | −6 | → 34 |
| 16 | −4 | → 40 |
| 15 | −4 | → 44 |
| 14 | ±0 | → 48 |
| 13 | −4 | → 48 |
| 8~12 | ±0 | → 52 |
| 7 | +6 | → 52 |
| 6 | ±0 | → 46 |
| 5 | +6 | → 46 |
| 4 | +6 | → 40 |
| 3 | +6 | → 34 |
| 2 | +6 | → 28 |
| 첫째단 | +12코 | → 22코 |
| 시작코 | 사슬뜨기 10코 | |

발  흰색, 김은색, 5/0호 코바늘

☐ 흰색    ▨ 검은색

색 바꾸기

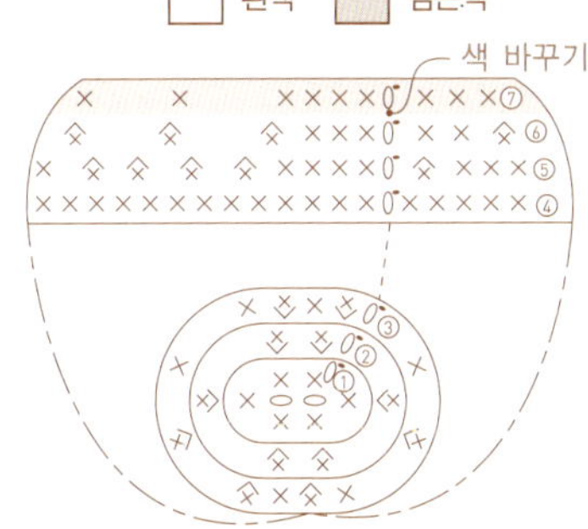

눈 주변  노란색, 5/0호 코바늘

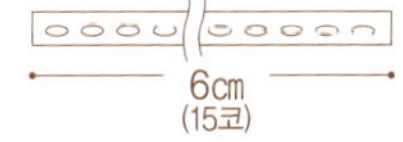


양말  흰색, 검은색, 회색, 5/0호 코바늘

목줄  빨간색, 5/0호 코바늘

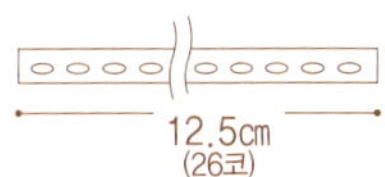


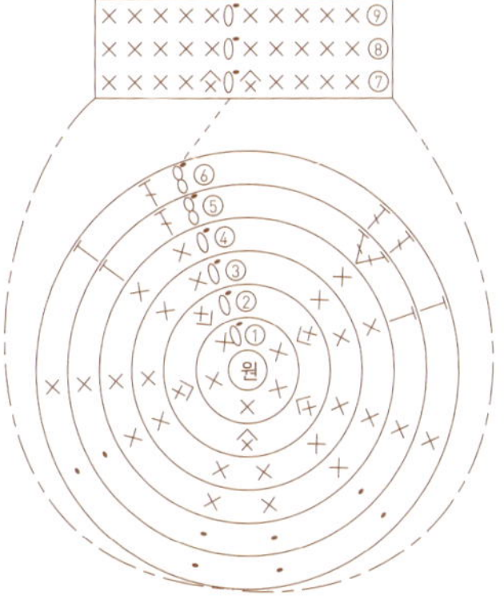

| 발 | | |
|---|---|---|
| 7 | ±0 | → 9 |
| 6 | −4 | → 9 |
| 5 | −5 | → 13 |
| 4 | ±0 | → 18 |
| 3 | +6 | → 18 |
| 2 | +6 | → 12 |
| 첫째단 | +4코 | → 6코 |
| 시작코 | 사슬뜨기 2코 | |

| 양말 | | |
|---|---|---|
| 8 · 9 | ±0 | → 10 |
| 7 | −2 | → 10 |
| 6 | ±0 | → 12 |
| 5 | +2 | → 12 |
| 3 · 4 | ±0 | → 10 |
| 2 | +5코 | → 10코 |
| 첫째단 | 원 안은 짧은뜨기 5코 | |

재료  **털실**  흰색 35g, 검은색 20g
**솜 적당량, 5/0호 코바늘, 돗바늘, 펠트**(흰색, 검은색 각각 5㎝×5㎝)
게이지  **짧은뜨기**(사방 10㎝): 20코 20단

★ 만드는 법

**1** 각 부분을 떠서 솜을 넣는다.

**2** 머리에 몸통을 이어 붙이고, 손, 발, 꼬리를 단다.

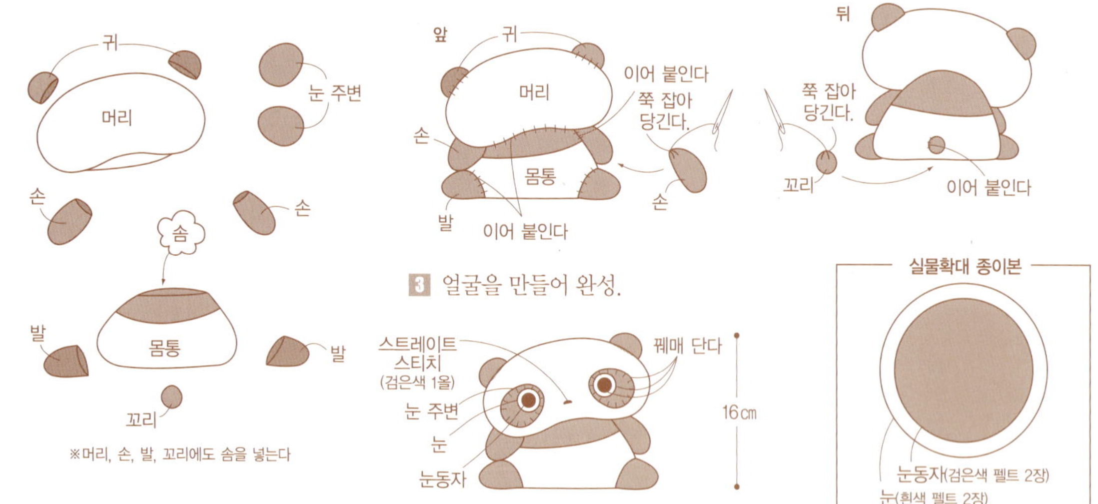


**3** 얼굴을 만들어 완성.



★ 뜨개 도안

**머리**  흰색, 5/0호 코바늘

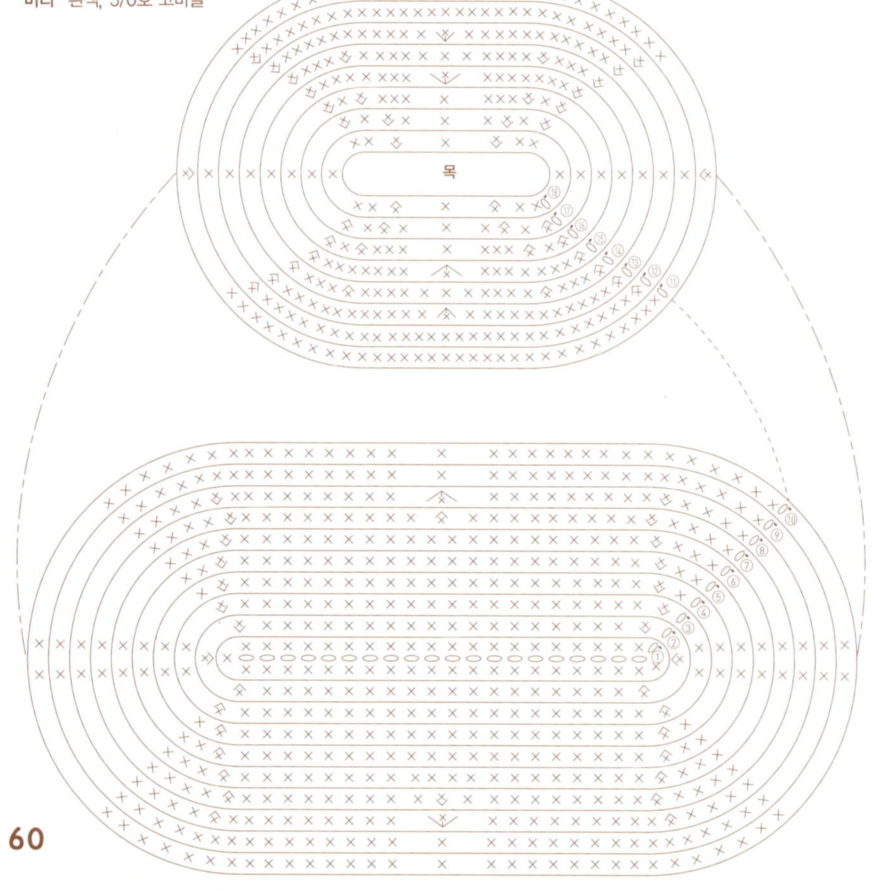


| 머리 | | |
|---|---|---|
| 18 | −4 | → 16 |
| 17 | −8 | → 20 |
| 16 | −8 | → 28 |
| 15 | −8 | → 36 |
| 14 | −8 | → 44 |
| 13 | −8 | → 52 |
| 12 | −4 | → 60 |
| 11 | −2 | → 64 |
| 9 · 10 | ±0 | → 66 |
| 8 | +4−4 | → 66 |
| 7 | +4−2 | → 66 |
| 6 | +4 | → 64 |
| 5 | +4 | → 60 |
| 4 | +4 | → 56 |
| 3 | +4 | → 52 |
| 2 | +6 | → 48 |
| 첫째단 | +22코 | → 42코 |
| 시작코 | 사슬뜨기 20코 | |

**몸통** 흰색, 검은색, 5/0호 코바늘

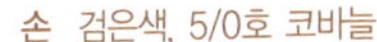

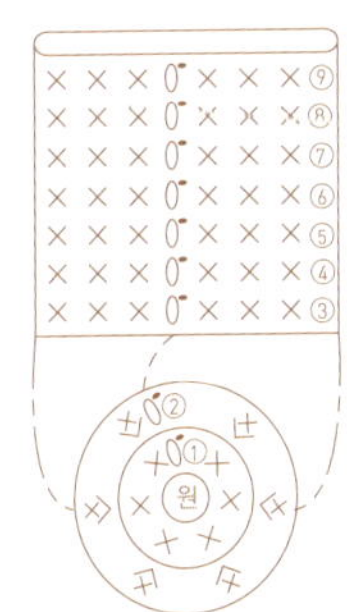

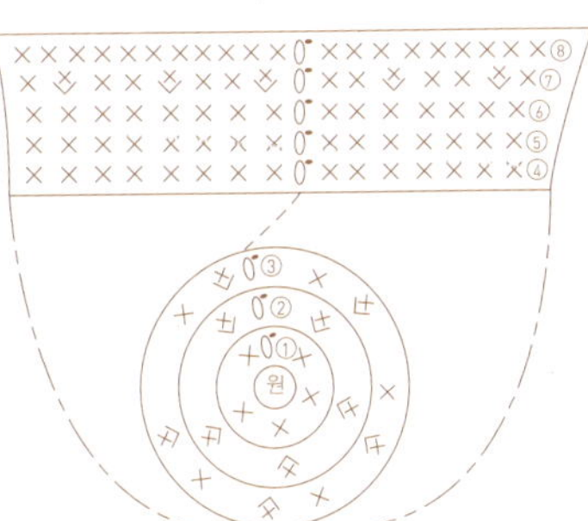

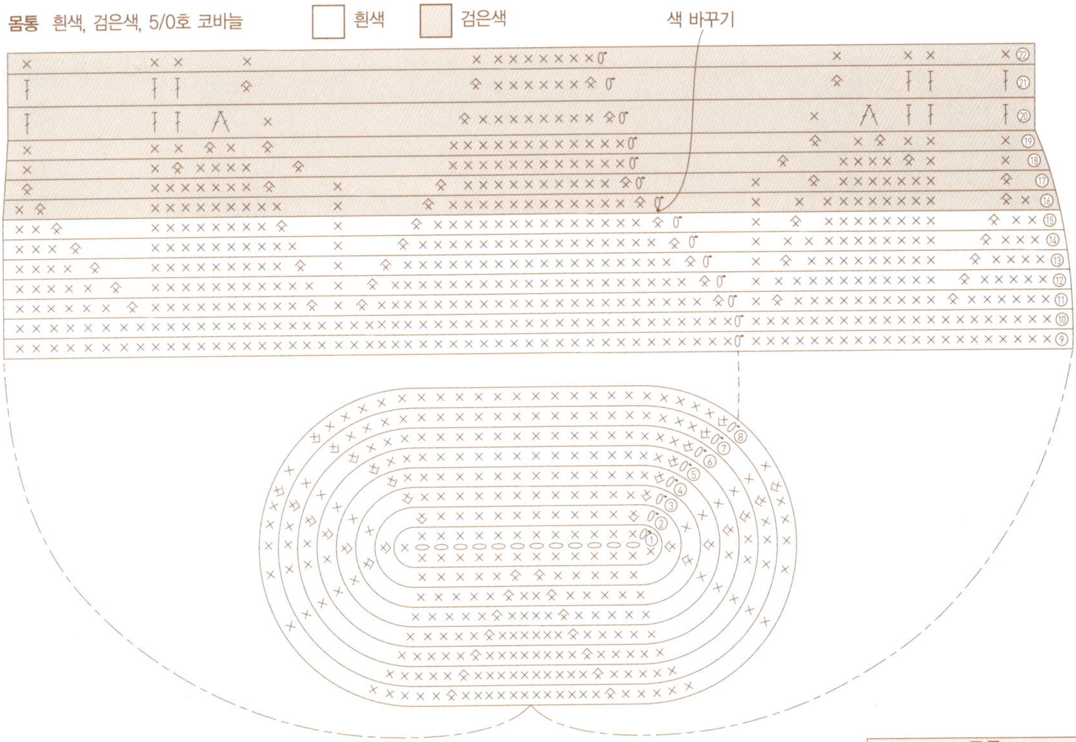

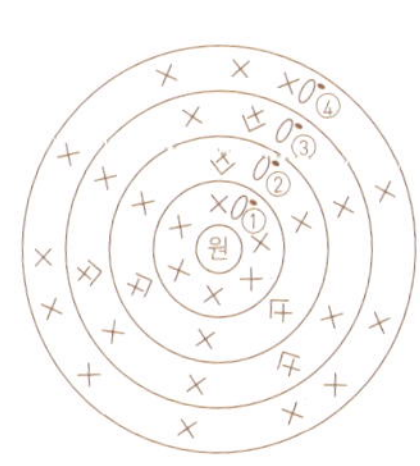

| 몸통 | | |
|---|---|---|
| 22 | ±0 | → 16 |
| 21 | −4 | → 16 |
| 20 | −4 | → 20 |
| 19 | −4 | → 24 |
| 18 | −4 | → 28 |
| 17 | −6 | → 32 |
| 16 | −4 | → 38 |
| 15 | −6 | → 42 |
| 14 | −4 | → 48 |
| 13 | −6 | → 52 |
| 12 | −4 | → 58 |
| 11 | −6 | → 62 |
| 9 · 10 | ±0 | → 68 |
| 8 | +6 | → 68 |
| 7 | +6 | → 62 |
| 6 | +6 | → 56 |
| 5 | +6 | → 50 |
| 4 | +6 | → 44 |
| 3 | +6 | → 38 |
| 2 | +6 | → 32 |
| 첫째단 | +14코 | → 26코 |
| 시작코 | 사슬뜨기 12코 | |

**손** 검은색, 5/0호 코바늘

| 손 | | |
|---|---|---|
| 3~9 | ±0 | → 12 |
| 2 | +6코 | → 12코 |
| 첫째단 | 원 안은 짧은뜨기 6코 | |

**발** 검은색, 5/0호 코바늘

| 발 | | |
|---|---|---|
| 8 | ±0 | → 20 |
| 7 | +5 | → 20 |
| 4~6 | ±0 | → 15 |
| 3 | +5 | → 15 |
| 2 | +5코 | → 10코 |
| 첫째단 | 원 안은 짧은뜨기 5코 | |

**귀** 검은색, 5/0호 코바늘

| 귀 | | |
|---|---|---|
| 4 | ±0 | → 12 |
| 3 | +3 | → 12 |
| 2 | +3코 | → 9코 |
| 첫째단 | 원 안은 짧은뜨기 6코 | |

**꼬리** 검은색, 5/0호 코바늘

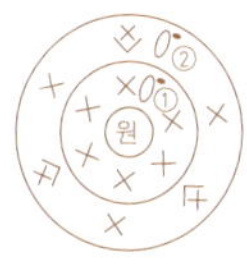

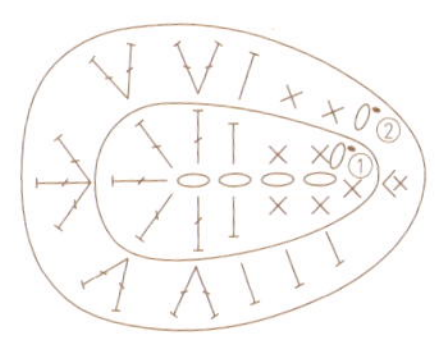

| 꼬리 | | |
|---|---|---|
| 2 | +3코 | → 9코 |
| 첫째단 | 원 안은 짧은뜨기 6코 | |

**눈 주변** 검은색, 5/0호 코바늘

| 눈 주변 | | |
|---|---|---|
| 2 | +7 | → 19 |
| 첫째단 | +8코 | → 12코 |
| 시작코 | 사슬뜨기 4코 | |

## ♠ 게이지에 대해

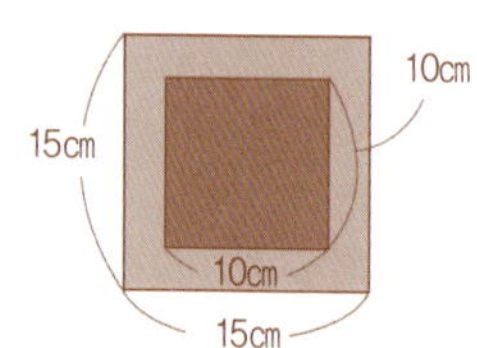


뜨는 코의 크기 기준으로, 사방 10cm에 몇 코, 몇 단인지를 표시합니다. 표기되어 있는 실과 바늘로 사방 15cm 정도 떠봅니다. 스팀다리미로 뜨는 코를 정돈하고 중심의 사방 10cm에 몇 코, 몇 단인지를 셉니다. 지정한 수와 같다면 그 바늘로 뜨고 지정 게이지보다 많은 경우에는 1호 두껍게, 적은 경우는 1호 가늘게 뜹니다.

## ♠ 털실의 양

약간이란 5g 이하의 털실의 양을 가리킵니다. 눈·코·수염 등, 소량만 사용하는 털실의 경우, 자수실을 대용해도 좋습니다.

## ♠ 바늘 쥐는 법

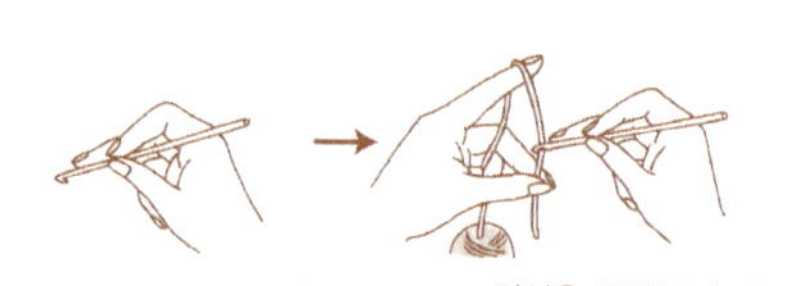

털실은 중심부터 잡는다

## ♠ 마무리 방법

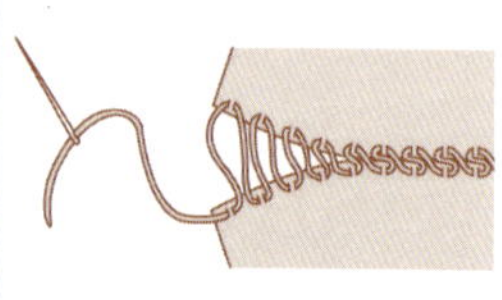

**주워닫기**
겉을 보고 맞대어 쥐고,
끝의 코를 서로 떠내어 닫는다.

## ⟨0⟩ 시작코 만드는 법

### • 사슬뜨기 만드는 법

❶ 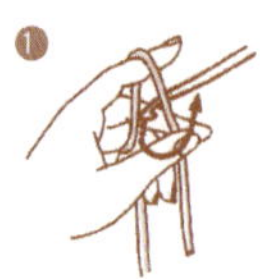

바늘을 화살표처럼 회전시킨다.

❷ 

고리가 생겼다.

❸ 

실을 걸어 잡아빼낸다.

❹ 

실을 걸어 잡아빼낸다.

❺ 

❹ 를 필요한 콧수만큼 반복해서 뜬다.

### • 원 만드는 법

❶ 

검지에 실을 2번 감아 잡는다.

❷ 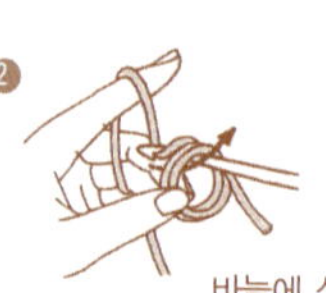

바늘에 실을 걸어 잡아빼낸다.

❸ 

실을 걸어 첫 시작의 사슬 1코를 뜬다.

❹ 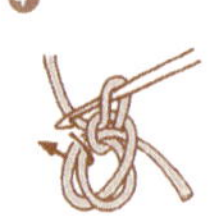

다음부터는 원으로 한 실을 줍듯이 뜬다.

❺ 

짧은뜨기를 한다.

❻ 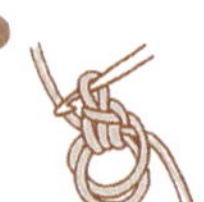

짧은뜨기가 떠졌다.

❼ 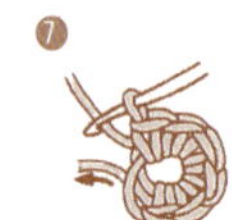

필요 콧수를 떴으면 실 끝을 끌어당겨 조인다.

❽ 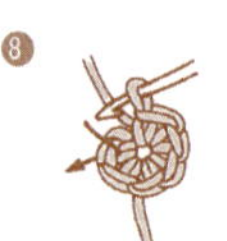

마지막은 바늘을 넣어 실을 걸고 한번에 잡아빼낸다.

## ♠ 자수 놓는 법

**프렌치 노트 스티치**

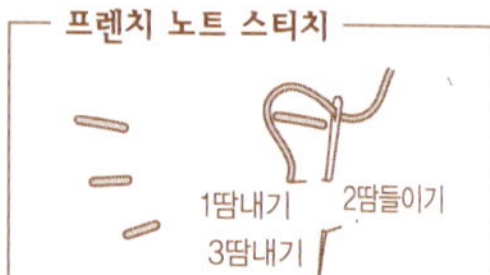


**백스티치**

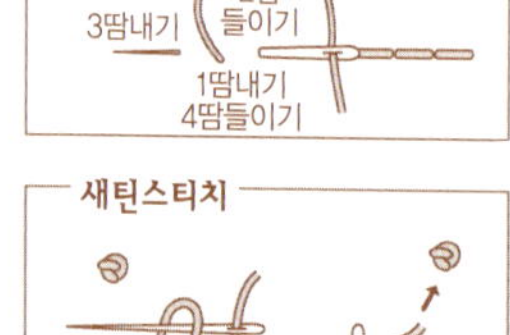


**스트레이트 스티치**

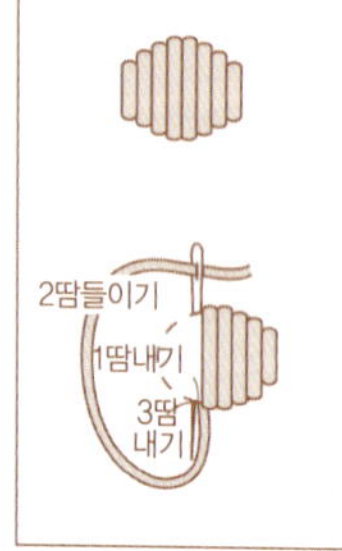


**체인스티치**

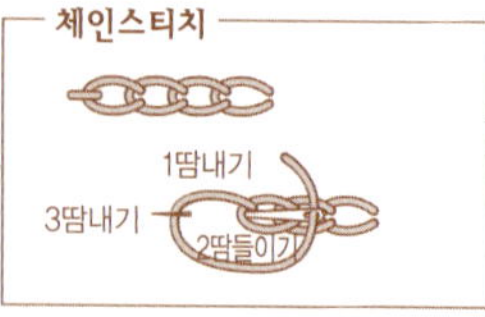


**새틴스티치**


이 책에서는 털실 1올로 자수를 놓는 경우와 털실 1/3, 2/3올로 자수를 놓는 경우가 있다.
**털실 1/3올이란?**

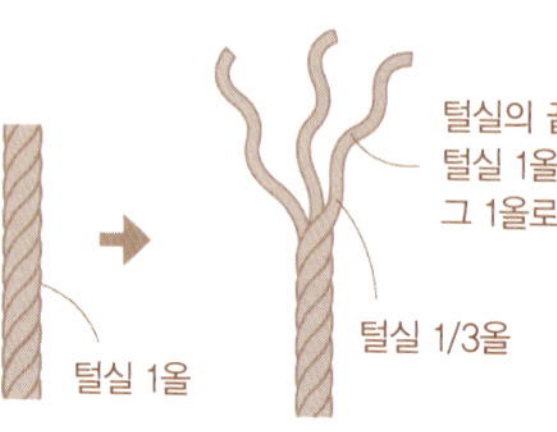

♠ 이 책에서 사용되고 있는 뜨개코 기호

짧은뜨기

❶ 뒷산에 바늘을 넣어, 실을 걸어 잡아빼낸다. 첫시작 1코
❷ 바늘에 실을 걸어 2코를 한꺼번에 잡아빼낸다.
❸ 뒷산을 주우면서 1~2와 똑같이 뜬다.
❹ 짧은뜨기가 5코 떠졌다.

중간 긴뜨기

❶ 뒷산에 바늘을 넣어, 실을 걸어 잡아빼낸다. 첫시작 2코 첫시작의 토대코
❷ 바늘에 실을 걸어 3코를 한꺼번에 잡아빼낸다.
❸ 첫시작코와 중간긴뜨기가 4코 떠졌다.

짧은뜨기 2코 넣기(1코 늘릴 때)

❶ 짧은뜨기를 앞줄의 1코에 2코 뜬다.
❷ 우선, 짧은뜨기를 1코 뜬다.
❸ 2코째도 1코와 마찬가지로 짧은뜨기를 한다.
❹ 앞줄의 1코에 2코 떠졌다.

긴뜨기

❶ 뒷산에 바늘을 넣어 실을 걸어 잡아빼낸다. 첫시작 3코 첫시작의 토대코
❷ 바늘에 실을 걸어 2코를 한꺼번에 잡아빼낸다.
❸ 한번 더 바늘에 실을 걸어 나머지 2코를 잡아빼낸다.
❹ 첫시작코와 긴뜨기가 3코 떠졌다.

짧은뜨기 2코 한번(1코 줄일 때)

❶ 앞줄의 2코부터 코를 주워 뜬다.
❷ 1부터 바늘을 넣어, 실을 걸어 잡아빼낸다.
❸ 2코째도 1코와 마찬가지로 짧은 뜨기를 한다.
❹ 앞줄의 2코에 1코 떠졌다.

긴 긴뜨기

❶ 뒷산에 바늘을 넣어 실을 걸어 잡아빼낸다. 첫시작 4코 첫시작의 토대코
❷ 바늘에 실을 걸어 2코를 한꺼번에 잡아빼낸다.
❸ 다시한번 바늘에 실을 걸어 나머지 2코를 잡아빼낸다.
❹ 또 한번 더 바늘에 실을 걸어 나머지 2코를 잡아빼낸다.
❺ 첫시작코와 긴 긴뜨기가 3코 떠졌다.

짧은뜨기 3코 넣기(2코 늘릴 때)

❶ 짧은뜨기를 앞줄의 1코에 3코 뜬다.
❷ 우선, 짧은뜨기를 1코 뜬다.
❸ 2, 3코째도 1코와 마찬가지로 짧은 뜨기를 한다.
❹ 앞줄의 1코에 3코 떠졌다.

잡아빼뜨기

❶ 바늘을 화살표처럼 넣는다.
❷ 바늘에 실을 걸어 한꺼번에 잡아빼, 1코 완성한다.
❸ 잡아빼뜨기가 4코 떠졌다.

짧은뜨기 3코 한번(2코 줄일 때)

❶ 앞줄의 2.3코부터 코를 주워 뜬다.
❷ 1부터 바늘을 넣고 실을 걸어 잡아빼낸다. 2.3도 똑같이 뜬다.
❸ 2.3코째도 1코와 마찬가지로 짧은 뜨기를 한다.
❹ 앞줄의 3코에 1코 떠졌다.

# 리락쿠마 캐릭터 손뜨개

ⓒ 주부와 생활사, 2012

초판 1쇄 발행일  2012년  9월 20일
초판 2쇄 발행일  2014년 11월 28일

편집 주부와 생활사   옮긴이 김은진
펴낸이 김지영   펴낸곳 작은책방
편집 김현주
마케팅 김동준, 조명구   제작·관리 김동영

출판등록 2001년 7월 3일 제 2005-000022호
주소 121-895 서울시 마포구 서교동 400-16 3층
전화 (02)2648-7224   팩스 (02)2654-7696

ISBN 978-89-5979-253-5  13590

• 잘못된 책은 교환해 드립니다.

사용하는 털실에 따라 리락쿠마와 그 친구들의 다양하고 귀
여운 캐릭터들을 완성하실 수 있습니다. 〈청송뜨개실의 우
슬초 www.tgesil.com〉로 뜨면 잘 표현할 수 있습니다.